U0231955

athematics and Civilizations

数学与人类文明

蔡天新 / 著

创于1897
商务印书馆
The Commercial Press

图书在版编目(CIP)数据

数学与人类文明/蔡天新著. —北京:商务印书馆,
2012(2023.6重印)
(名师讲堂丛书)
ISBN 978-7-100-08743-8

Ⅰ.①数… Ⅱ.①蔡… Ⅲ.①数学—普及读物
Ⅳ.①O1-49

中国版本图书馆CIP数据核字(2011)第38986号

数学与人类文明

蔡天新 著

商 务 印 书 馆 出 版
(北京王府井大街36号 邮政编码100710)
商 务 印 书 馆 发 行
北京艺辉伊航图文有限公司印刷
ISBN 978 - 7 - 100 - 08743 - 8

2012年8月第1版 开本710×1000 1/16
2023年6月北京第7次印刷 印张21¾
定价:76.00元

数学与人类文明

王元

目录

前言

2011 年盛夏的一天，从欧洲大陆最北部的挪威王国传出一条令人震惊的消息。首都奥斯陆近郊一座叫于特的湖心岛上，80 多位参加夏令营的青少年被一名歹徒疯狂扫射身亡。挪威是当今世界最富庶美丽、最宁静安逸的国度，也是数学天才阿贝尔（Abel）的祖国，首届菲尔兹奖 1936 年在奥斯陆颁发，以阿贝尔命名的数学奖与诺贝尔和平奖也在奥斯陆评选并颁发。记得那会儿许多人在悲愤之余，对挪威发生如此恐怖的事件感到难以置信。

1829 年，26 岁的挪威青年阿贝尔死于营养不良和肺病，却依然是 19 世纪乃至人类历史上最伟大的数学家之一。阿贝尔是第一个扬名世界的挪威人，他取得的成就激发了同胞们的才智。在阿贝尔去世前一年，挪威诞生了戏剧家易卜生，接下来出生的有作曲家格里格、艺术家蒙克和探险家阿蒙森，每一位都蜚声世界。想到这些，不由得对奥斯陆枪击案可能产生的阴影稍感乐观，阿贝尔的英年早逝、易卜生的背井离乡和蒙克的《呐喊》，都说明这个国家的人民曾经遭受过不幸和磨难。

在所有与数学史有关的书籍里，阿贝尔的名字总是在人名索引里名列前茅。本书对他有较为详细的描述，书中还谈到他的晚辈同胞索菲斯·李（Lie），21世纪的两个重要数学分支——李群和李代数均得名于他。1872年，德国数学家F.克莱因发表了《埃尔兰根纲领》，试图用群论的观点统一几何学乃至整个数学，所依赖的正是李的工作。将近一个世纪以后，受克莱因工作的激励，加拿大数学家朗兰兹又高举起《朗兰兹纲领》的大旗。1967年，他提出了一系列猜想，揭示了数论、表示论和代数几何之间的一张关系网。

限于篇幅，本书未谈及十年前过世的挪威数学家赛尔伯格（Selberg），他是笔者见到过且交谈过的数论前辈。早在1950年，赛尔贝格便因给出素数定理的初等证明荣获菲尔茨奖。或许是一种补偿，书中最后出场的奥地利人维特根斯坦与挪威结缘，他是20世纪最富数学意味的哲学家。任职剑桥大学期间，维特根斯坦在挪威西部乡间盖了一间小木屋，经常从英国跑到那里度假思索，有时一住就是一年，他死后出版的代表作《哲学研究》（1953）便是在小木屋里开始构想的。

从以上叙述中读者可能已经看出，本书的写作风格和宗旨是，既不愿错过任何一位伟大数学家和任何一次数学思潮，以及由此产生的内容、方法，也不愿放弃任何可以阐述数学与其他文明相互交融的机会。这是一部没有蓝本可以参照的书，从书名看，最接近的同类著作是美国数学史家M.克莱因的《西方文化中的数学》（1953）。可是，M.克莱因著作讨论的范围被"西方"和"文化"两个词限定了，我们却不得不考虑整个人类的历史长河，涉及的领域也超出了"文化"的范畴。如同英国哲学家怀特海所言："现代科学诞生于欧洲，但它的家却是整个世界。"

从写作方式来看，尽管存在着多种可能性，主要面临的选择却只有两个，即是否把数学史作为一种写作线索？M.克莱因的著作虽然也以时间为主线（他的另一部力作《古今数学思想》同样如此），却以每章一个专题的形式来讲述数学与文化的关系。显而易见，克莱因既精通数学，又熟知古希腊以来的西方文化（主要是古典部分），作者认为这方面已经很难超越了。况且，他的书早已有了中文版。

不过，通过阅读 M.克莱因的著作，我们不难发现，他假设的读者对象是数学或文化领域的专家。而本书作者心目中的读者对象更为宽广，他们可能只学过初等数学或简单的微积分，也许对数学的历史及其与其他文明的关系所知不多，对数学在人类文明的发展历程中扮演的重要角色认识并不充分，尤其是对现代数学与现代文明（比如现代艺术）的渊源缺乏了解。这样一来，就留出了写作空间。

在笔者看来，数学与科学、人文的各个分支一样，都是人类大脑进化和智力发展进程的反映。它们在特定的历史时期必然相互影响，并呈现出某种相通的特性。在按时间顺序讲述不同地域文明的同时，我们先后探讨了数学与各式各样文明之间的关系。例如，埃及和巴比伦的数学来源于人们生存的需要，希腊数学与哲学密切相关，中国数学的活力来自历法改革，印度数学的源泉始于宗教，而波斯或阿拉伯的数学与天文学互不分离。

文艺复兴是人类文明进程的一个里程碑，这个时期的艺术推动了几何学的发展，到了 17 世纪，微积分的产生解决了科学和工业革命的一系列问题，而 18 世纪法国大革命时期的数学涉及力学、军事和工程技术。19世纪前半叶，数学和诗歌几乎同时从古典进入现代，其标志分别是非交换代数和非欧几何学的诞生，爱伦·坡和波德莱尔的出现。进入 20 世纪以后，抽象化又成为数学和人文学科的共性。

数学中的抽象以集合论和公理化为标志，与此同时，艺术领域则出现了抽象主义和行动绘画，而哲学与数学的再次交汇产生了现代逻辑学，并诞生了维特根斯坦和哥德尔定理。更有意思的是，数学的抽象化不仅没有使其被束之高阁，反而得到意想不到的广泛应用，尤其在理论物理学、生物学、经济学、电子计算机和混沌理论等方面。由此可见，这是符合历史潮流和文明进程规律的。尽管如此，数学天空的未来并非一片晴朗。

本书的一个显著特点是对现代数学和现代文明的比较分析和阐释，这是作者多年数学研究和写作实践的思考、总结。至于古典部分，我们也着力发现有现代意义的亮点。比如，谈到埃及数学时，我们重点介绍了"埃及分数"这个既通俗易懂又极为深刻的数论问题，它甚至仍然困扰着21世纪的数学家；又如，巴比伦人最早发现了毕达哥拉斯定理，同时知道了毕达哥拉斯数组，这一结果也是一千多年以后兴起的希腊数学和文明的代表性成就，却与20世纪末的热点数学问题——费尔马大定理——相联系。

本书的另一个特点是，多数小节以人物为标题，同时做到图文并茂，以方便理解、欣赏和记忆。在100余幅精心挑选的图片（有不少是笔者旅途中拍摄的照片）中，相当一部分与文学、艺术、科学、教育有密切的关联。希望读者能通过本书的阅读，拉近与数学这门抽象学科的心理距离，从中理解各自所学或从事专业与数学的关系，进而反思人类文明的历史进程甚或生活的意义。

诚如一部分读者所了解的，《数学与人类文明》（教材版）最早于2008年初由浙江大学出版社推出，系教育部高等学校"十一五"国家级规划教材的一种，应用于浙江大学等多所大学的通识课程，受到同学们的欢迎和喜爱，在此我要特别感谢本课程的教学团队，他们是孙方裕教授、程晓良教授，李秉政博士、闻继威博士。此外，还有杭州师范大学韩丹夫教授、曹健教授，山东师范大学翟文广教授、重庆陆军勤务学院但琦教授等也先后在各自学校开设了本课程，他们中有的随后出版了数学文化类著作，殷切期望有更多同仁们的加入。

2012年，商务印书馆出版了《数学与人类文明》，此书翌年入选了国家新闻出版广电总局向全国青少年推荐的百优图书。连同曾经的浙大版，本书已累计印刷 13 次。2018～2019年，笔者与理学部的三位老师一起，以旨在培养学生科学与人文素养的"科学与人类文明"通识课程建设与教学实践，先后荣获了浙江省教学成果一等奖和国家教学成果二等奖。此番重印，笔者又一次修订了全书，并更新了部分图片，还在每章开头遴选添加了一首小诗，期待读者们的批评指正。

蔡天新

2020 年春天，杭州莲花街

当人们发现一对雏鸡和两天之间有某种共同的东西（数字2）时，数学就诞生了。

——伯特兰·罗素

第一章

中东，或数学的起源

美索不达米亚

在幼发拉底河下游见到过你

如今我在底格里斯河畔遐想

巴塔尼曾在岸上观望天象

纠正了托勒密的一个错误

平原的稻谷成熟了数千回

已经很久了河流兄弟没有相见

两岸的椰枣树亦被毁灭殆尽

你们相拥而泣，从此不再分离

2014年2月，巴格达

数学的起源

记数的开始

如同古代世界的许多伟人一样，数学史上的先驱人物也消失在历史的迷雾中。然而，数学每前进一步，都伴随着人类文明的一次进步。亿万多年前，居住在岩洞里的原始人就有了数的概念，在为数不多的事物（比如说食物）中间增加或取出几个同样的事物，他们能分辨出多和少（不少动物也具有这类意识）。本来，对食物的需求出自人类的生存本能。慢慢地，人类就有了明确的数的概念：1，2，3，…正如部落的头领需要知道他手下有多少成员，牧羊人也需要知道他拥有多少只羊。

在有文字记载以前，记数和简单的算术就发展起来了。猎人知道，把2枚箭矢和3枚箭矢放在一起就有了5枚箭矢。就像不同种族称呼家庭主要成员的声音大同小异一样，人类最初的计数方法也是相似的。例如，当数羊的只数时，每有一只羊就扳一个手指头。后来，才逐渐衍生出三种有代表性的记数方法，即石子记数（有的是用小木棍）、结绳记数和刻痕记数（在土坯、木头、石块、树皮或兽骨上刻写），这样不仅可以记录较大的数字，也便于累计和保存。

在古希腊荷马史诗的《奥德赛》中有这样一则故事：当主人公奥德修斯刺瞎了独眼巨人波吕斐摩斯仅有的一只眼睛以后，那个不幸的盲老人每天都坐在自己的山洞里照料他的羊群。早晨羊儿外出吃草，每出来一

陶罐上的图画
奥德修斯刺瞎独眼巨人

只，他就从一堆石子里捡出一颗。晚上羊儿返回山洞，每进去一只，他就扔掉一颗石子。当他把早晨捡起的石子全都扔光时，就确信所有的羊儿返回了山洞。这则故事告诉我们，很可能是牧羊人计算羊群的只数产生了数学，正如诗歌起源于乞求丰收的祷告，这两项人类最古老的发明均源于生存的需要。

说来有点残酷，一些美洲印第安人通过收集被杀者的头皮来算计他们杀敌的数目，而一些非洲的原始猎人则通过积累野猪的牙齿来算计他们杀死野猪的数目。据说，居住在乞力马扎罗山坡上游牧民族的少女习惯在颈上佩戴铜环，其个数等于自己的年龄，这与如今缅甸某些少数民族的妇女所保持的相似习俗比起来，多了审美以外的含义。从前，英国酒保往往用粉笔在石板上画记号来计数顾客饮酒的杯数，而西班牙酒保则通过向顾客的帽子里投放小石子来做这一计数，这两种不同的计数方法似乎也反映出这两个民族不同的个性：谨慎和浪漫。

后来，就产生了各种各样的语言，包括对应于大小不同的数的语言符号。再后来，随着书写方式的改良，就形成了代表这些数的书写符号。最初，在诸如两只羊和两个人所用的语音和用词也是不同的。例如，在英语中使用过team of horses（共同拉车或拉犁的两匹马），yoke of oxen（共轭的两头牛），span of mules（两只骡），brace of dogs（一对狗），pair of shoes（一双鞋），等等。至于汉语里的量词变化，那就更多了，且一直保留至今。

可是，人类把数2作为共同性质抽象出来，并采用与大多数具体事物无关的某个语音来替代它，或许经过了很长时间。如同英国哲学家兼数学家伯特兰·罗素所说的："当人们发现一对雏鸡和两天之间有某种共同的东西（数字2）时，数学就诞生了。"而在我们看来，数学的诞生或许要稍晚一点，即是在人们从"2只鸡蛋加3只鸡蛋等于5只鸡蛋，2枚箭矢加3枚箭矢等于5枚箭矢，等等"中抽象出"2 + 3 = 5"之时。

数基和进制

当人们需要进行更广泛深入的数字交流时，就必须将计数方法系统化。世界各地的民族不约而同地采取了以下方法：把从1开始的若干连续的数字作为基本数字，以它们的组合来表示大于这些数字的数。换言之，如果大于1的某个数 b 作为计数的进位制或基（base），并确定出数目1，2，3，…，b 的名称，则任何大于 b 的数均可以用这 b 个数的一个组合表示。

有证据表明，2，3和4都曾被当作原始的数基。例如，澳大利亚北部昆士兰州的原住民是这么计数的：1，2，2和1，两个2，……。某些非洲矮

英国人使用过的木片账目

人是这么称呼最前面的6个自然数的：a，oa，oa-a，oa-oa，oa-oa-a，oa-oa-oa。这两种计数均为2进制，它的应用后来导致了电子计算机的发明。而阿根廷最南端火地岛的一个部落和南美的其他一些部落则分别以数字3和4为基。

不难设想，由于人类的每只手和脚均有5根手指或脚趾，5进制一度得到了广泛的应用。至今某些南美部落仍用手计数：1，2，3，4，手，手和1，等等。直到1880年，德国的农历仍以5为数基。1937年，在捷克共和国摩拉维亚地区出土的一块幼狼胫骨上，几十道刻痕明显是以5进制排列的。而西伯利亚的尤卡吉尔人居住在世界上最寒冷的地方（勒拿河下游），至今仍采用一种类似于5和10混合进制的方式计数。

《德累斯顿抄本》末页
内含玛雅人的 2012 预言

12也常被用来作数基。如同美国数学史家伊夫斯所分析的，这可能与它被6个数整除有关，也可能是因为一年有12个朔望月。例如，1英尺有12英寸，1英寸有12英分，1先令是12便士，1英镑是12盎司（金衡制，常衡制是16盎司）。有意思的是，直到20世纪80年代，中国乡村的秤还同时刻有两种进制：10进制和16进制。此外，没有12进制的中国人的文字里也有"打"，而英语里除了dozen（打）以外，甚至还有gross（箩），一箩等于12打。

20进制也曾被广泛使用，它使我们想起人类的赤脚时代，一双手和一双脚共20根指头。美洲印第安人使用过它，其中包括高度发达的玛雅文明，这被记载在玛雅人著名的三大典籍中——《德累斯顿抄本》、《马德里抄本》和《巴黎抄本》，其中《德累斯顿抄本》数学内容最多，它来源于12世纪的

1	10	100	1000	10000	100000	10^6

埃及象形文字里的数码

石碑。抄本中有些内容涉及气候和雨季的预测。最后一页警示人们留意世界末日的来临，即广为流传的"2012预言"，甚至有场景描述，设想由鳄鱼引发的一场洪水将毁灭整个世界。此抄本于1739年购得，"二战"结束前德国德累斯顿市毁于盟军的炮火，抄本也付之一炬，现存的是19世纪的副本。

值得一提的是，在法语里，至今仍在用4个20来表示80（quatre-vingts），4个20加10来表示90（quatre-vingt-dix），丹麦人、威尔士人和盖尔人的语言中也存在这一痕迹。令人惊奇的是，这些地方并非都是温带。在英语里20（score）是个常用字，且是个计量单位，而汉语里也有"廿"。至于公元前2000年巴比伦人便已使用的60进制，今天仍在时间和角度计量单位中不可或缺。

可是，人类最终仍普遍接受了10进制。在有记载的历史中，包括古埃及的象形数字、中国的甲骨文数字和筹算数码、希腊的阿提卡数字、印度的婆罗门数字，等等，都采用了10进制。在我们的头脑里，10已成为数制的必然单位，正如2已被电脑特别拥有。原因十分简单，博学的希腊哲学家亚里士多德已经为我们指出："10进制的广泛采纳，只不过是由于我们绝大多数人生来具有10个手指这样一个解剖学的事实结果。"

除了口说以外，用手指表达数也曾长期被采纳。英语里的digit原本是指手指或脚趾，后来才表示从1到9这些数字，如今我们正处于数字时代（digital age）。事实上，原始人甚或开化的人，在进行口头计数时往往同时做出一些手势。例如，当说到"十"字，往往用一只手拍另一只手的手心。而某些部落或民族，我们可以通过观察他们计数时的手语来判断其归属。在今天的中国，我们仍然可以通过一个人划拳的手势大致弄清楚他或她究竟来自哪个地区或省份。

阿拉伯数系

据考古学发现，刻痕记数大约出现在三万年以前，经过极其缓慢的发展，大约在公元前三千多年，终于出现了书写记数和相应的数系。可能是受手指表达数的影响，最早表示数1，2，3和4的书写符号大多是相应数目的竖或横的堆积。前者有古埃及的象形文字、希腊的阿提卡数字、中国的纵式筹码数字和玛雅数字，后者有中国的甲骨文数字和横式筹码数字以及印度的婆罗门数字（数4例外）。

有意思的是，以上提到的受手指影响用竖或横来表达前4个数的数系均不约而同地采用了10进制，而另外两种著名的数系，即巴比伦的楔形数字和玛雅数字，分别用一个个锐利的小等腰三角形和小圆点来表示，却采用了60进制和20进制。在数5和5以后，即使同属竖写的数系也有不同表达法，以10为例，古埃及人用轭或踵骨∩（集合论中的"交"）表示，古希腊人用△（第4个希腊字母）表示，而中国人则用4个竖上面加1横表示。

所谓阿拉伯数系是指由0，1，2，3，…，9这10个记号及其组合表达出来的10进制数字书写体系。例如，在911这个数中，右边的1表示1，中间的1却表示1乘以10，而9表示9乘以100。在今天世界上存在的数以千计的语言系统里，这10个阿拉伯数字是唯一通用的符号。（比拉丁字母使用范围更广。）可以想象，假如没有阿拉伯数系，全球范围内的科技、文化、政治、经济、军事和体

1	2	3	4	5	6	7	8	9

前婆罗门时期的印度数系

1	2	3	4	5	6	7	8	9

1世纪婆罗门时期的印度数系

1	2	3	4	5	6	7	8	9

4世纪的印度数系

1	2	3	4	5	6	7	8	9	0

11世纪的印度数系

1	2	3	4	5	6	7	8	9

11世纪传往欧洲的阿拉伯数系

印度—阿拉伯数系的演变

育等方面的交流将变得十分困难，甚至不可能进行。

阿拉伯数系也被称为印度—阿拉伯数系，这是因为它是印度人发明的，经由阿拉伯人改造后传到西方。后一项文明的流通是在12世纪完成的，前一项发明的起源就不得而知了，只是由于近代考古学的进展，在印度的一批石柱和窑洞的墙壁上发现这些数字的痕迹，其年代大约在公元前250年到公元200年之间。值得一提的是，那些痕迹里并没有零号，而在公元825年前后，阿拉伯人花拉子密的著作《印度的计算术》里却描述了已经完备的印度数码，今日英文和德文里的零就是依据阿拉伯文音译的。

阿拉伯数字是随着阿拉伯人鼎盛时期的远征传入北非和西班牙的。据说一位叫莱奥拉多的意大利人曾受教于西班牙的穆斯林数学家，还曾游历北非。他回到意大利以后，于1202年出版了一部数学著作，这是阿拉伯数字传入穆斯林以外的欧洲的里程碑，对稍后的意大利文艺复兴时期的数学有一定的促进作用。有意思的是，也是在13世纪，威尼斯人马可·波罗实现了欧洲人对东方的首次访问。其时横跨欧亚两个大陆的君士坦丁堡（今土耳其伊斯坦布尔）是个战乱纷争之地，这位旅行家也是经由北非和中东绕过地中海的，不过是沿着与阿拉伯数字传播路线相反的方向。

形而几何学

数系的出现使得数的书写和数与数之间的运算成为可能。在此基础上加、减、乘、除乃至于初等算术便在几个古老的文明地区发展起来，而后来数系的统一则为世界数学发展和应用插上了翅膀。与数的概念的形成一样，人类最初的几何知识也是他们从对形的直觉中萌发出来的。例如，不同种族的人都注意到了圆月和挺拔的松树在形象上的区别。可以想见，几何学便是

《周髀算经》中的弦图
用以证明边长（3，4，5）的勾股定理

建立在对这类从自然界提取出来的"形"的总结的基础之上。

一条直线只是一段拉紧了的绳子，来自希腊文的英文hypotenuse（斜边）的原意就是"拉紧"。我们可以设想，这是将一个直角的两臂拉紧后的连线，而arms（手臂）也就成了两条直角边。如此看来，三角形的概念是人们通过对自己身体的观察得到的。巧合的是，在古代中国也是这样，勾、股作为小腿和大腿同时也是直角三角形中较短和较长的直角边，因而我们才有勾股定理的称谓。在西安半坡出土的陶器残片上，我们可以看到完整的全等三角形图案，每条边由间隔相等的8个小孔连接而成。在埃及故都底比斯出土的古墓壁画中，也有直线、三角形和弓形等图案。同样，圆、正方形、长方形等几何图形的概念也来自于人们的观察和实践。

正如古希腊历史学家希罗多德所指出的，埃及的几何学是"尼罗河的馈赠"。早在公元前14世纪，埃及的国王便将土地分封给所有的国民，每个人都得到一块同样面积大小的土地，然后据此纳税。如果每年春天的尼罗河洪水冲毁了某个人的土地，那么他就必须向法老报告所受的损失。法老会派专人来测量所失去的土地，再按相应的比例减税。这样一来，几何学（geomerty）就产生并发展起来了，"geo"意指土地，"metron"是测量。这类专门负责测量土地的人有专门的称谓，叫作"司绳"（rope-stretcher）。

巴比伦人的几何学也是源于实际的测量，它的重要特征是其算术性质。至少在公元前1600年，他们就已熟悉长方形、直角三角形、等腰三角形和某些梯形的面积计算。古印度几何学的起源则与宗教和建筑实践密切相关，公元前8世纪至公元前2世纪形成的所谓"绳法经"，便涉及祭坛与寺庙建造中的几何问题及其求解。而在古代中国，几何学的起源更多地与天文观测相联系，至晚在公元前2世纪成书的《周髀算经》便讨论了天文测量用到的几何方法。

尼罗河文明

奇特的地形

在欧洲人的地理概念中，近东或中东是指地中海东岸，也包括土耳其的亚洲部分和北非，即从黑海到直布罗陀海峡之间的环地中海沿岸及附近。近东既是人类文明的摇篮，也是西方文明的发祥地。如同美国数学史家 M. 克莱因指出的："当那些喜欢四处迁徙的游牧民族远远离开其出生地，在欧洲平原上漫游时，与他们毗邻的近东人民却在致力于辛勤耕作，创造文明和文化。若干个世纪以后，居住在这片土地上的东方贤哲们不得不负担起教育未开化的西方人的任务。"

埃及位于地中海的东南角，处于中东和北非的交汇之地。它的西面和南面是世界上最大的撒哈拉大沙漠，东面、北面大部分被红海、地中海环绕，唯一的陆上出口是面积只有6万平方公里的西奈半岛。这座半岛的大部分被沙漠和高山覆盖，东西两侧又夹在亚喀巴湾和苏伊士湾之间。只有一条狭窄的通道连接以色列，古罗马的统治者如尤利西斯·恺撒便是沿着这条路入侵埃及的。而在远古时代，这种外敌的侵犯几乎是不可能的，因此，埃及得以长期保持安定。

除了拥有天然的地理屏障之外，埃及还拥有一条清澈的河流，那便是世界上最长的河流——尼罗河。这条自南向北贯穿埃及全境、最后注入地中海的河流两岸构成一条狭长而肥沃的河谷，素有"世界上最大的绿

埃及地图。由于地处沙漠，南部与苏丹边界，
西部与利比亚边界几乎成了一条直线。

纸草书里的象形文字

洲"之称，因为它的西边是浩瀚的撒哈拉沙漠，东边是阿拉伯沙漠。事
实上，尼罗河的英文"Nile"这个词的希腊文原意便是谷地或河谷。正是
由于上述两个特殊的地理因素，才造就了以古老的象形文字和巨大的金
字塔为标志的绵延三千年的古埃及文明。

　　古埃及象形文字产生于公元前3000年以前，是一种完全图像化的文
字，后来被简化成更易书写的僧侣体和世俗体文字。3世纪前后，随着
基督教的兴起，不仅古埃及原始宗教趋于消亡，象形文字也随之同归于
尽，现存资料中使用这种文字的最后年代是公元394年的一块碑铭。与此
同时，埃及基督徒改用一种稍加修改的希腊字母（这种文字随着7世纪穆
斯林的入侵又逐渐被阿拉伯文取代）。于是，这些神秘的古代文字就成
了不解之谜。

　　1799年，跟随拿破仑远征埃及的法国士兵在距离亚历山大城不远的
古港口罗塞塔发现一块面积不足一平方米的石碑，上面刻着用象形文
字、世俗体和希腊文三种文字记述的同一铭文。在英国医生兼物理学家
杨（1773~1829）的工作基础上，最后由法国历史学家兼语言学家商博良

（1790~1832）完成了全部碑文的释读。这样一来，就为人们阅读象形文字和僧侣体文献，理解包括数学在内的古埃及文明打开了方便之门，而那块石碑也被后人命名为"罗塞塔石碑"，如今它被收藏在伦敦大英博物馆。

莱茵德纸草书

如果你有机会到开罗旅行，那么除了造访金字塔、参观博物馆，在尼罗河上乘船、看肚皮舞表演以外，你的朋友或导游还会领你去看销售或制作纸莎草纸（papyrus）的商店或作坊（通常它们是合二为一的）。原来，纸莎草这种植物生长在尼罗河三角洲中，采摘后，用其茎秆中心的髓切成细长的狭条，压成一片，经过干燥处理，形成薄而平滑的书写表面。古埃及人一直在这种纸上书写，并被后来的希腊人和罗马人沿用，直到3世纪才被价钱更低、可以两面书写的羊皮纸（parchment，源自今土耳其）取代，而埃及人则一直使用到8世纪。

所谓纸草书即是在纸莎草纸上书写并装订起来的书籍（确切地说是书卷），我们今天了解的关于古埃及人的数学知识，主要是依据两部纸草书。一部以苏格兰律师兼古董商人莱茵德（1833~1863）命名，现藏于伦敦大英博物馆，另一部叫莫斯科纸草书，由俄国贵族哥莱尼谢夫（1856~1947）在底比斯购得，现藏于莫斯科普希金艺术博物馆。莱茵德纸草书又称为阿姆士纸草书，以纪念公元前1650年左右一位复制此书的抄写员。值得一提的是，阿姆士是人类历史上第一个因为对数学做出贡献而留名的人。该书卷长525厘米，宽33厘米，中间有少量缺失，其缺失的碎片现藏于纽约布鲁克林博物馆。

这两部纸草书均用僧侣体书写，年代已经十分久远，阿姆士在前言里

莫斯科纸草书局部　　　　留名数学史的苏格兰古董商人莱茵德

称到那时为止此书至少流传了两个多世纪。而据专家考证，莫斯科纸草书的成书年代大约在公元前1890年。因此，这两部书堪称流传至今最古老的用文字记载数学的典籍。从内容上看，它们只不过是各种类型的数学问题集。莱茵德纸草书的主体部分由85个问题组成，莫斯科纸草书则由25个问题组成。书中的问题大多来自现实生活，比如面包的成分和啤酒的浓度，牛和家禽的饲料比例及谷物储存，但作者却将它们作为示范性的例子编辑在一起。

既然几何学是"尼罗河的赠礼"，那我们就来看看埃及人在这方面的成就。在一份古老的地方契约中，人们发现他们求任意四边形的面积公式，如果用a和b，c和d分别表示四边形的两组对边长度，S表示面积，则

$$S = \frac{(a+b)(c+d)}{4}$$

尽管这种尝试十分大胆，但却十分粗略，这个公式只有在长方形这个特殊情形下才是正确的。我们再来看圆面积的计算。在莱茵德纸草书第50题中，假设一个圆的直径为9，则其面积等于边长为8的正方形。如果比较圆面积计算公式，就会发现埃及人心目中的圆周率（如果有这个概念

的话）相当于

$$(8 \times \frac{2}{9})^2 \approx 3.1605$$

让人惊讶的是，埃及人在体积计算（其目的是为了储存粮食）问题上达到了相当高的水平，例如他们已经知道圆柱体的体积是底面积乘高。又如，对高为 h、上下底面分别是边长 a 和 b 的正方形的平截头方锥体的体积公式，埃及人得到的公式是（莫斯科纸草书第14题），

$$V = \frac{h}{3}(a^2 + ab + b^2)$$

这个结论是正确的，这是一项非常了不起的成就。美国数学史家E. T. 贝尔称其为"最伟大的金字塔"。（注：在英文里，锥体和金字塔同一个字，即pyramid。）

埃及分数

在石器时代，人们只需要整数，但进入到更为先进的青铜时代以后，分数概念和记号便随之产生了。从纸草书中我们发现，埃及人有一个重要而有趣的特点，就是喜欢使用单位分数，即形如 $\frac{1}{n}$ 的分数。不仅如此，他们可以把任意一个真分数（小于1的有理数）表示成若干不相同的单位分数之和。例如，

$$\frac{2}{5} = \frac{1}{3} + \frac{1}{15}$$

$$\frac{7}{29} = \frac{1}{6} + \frac{1}{24} + \frac{1}{58} + \frac{1}{87} + \frac{1}{232}$$

埃及人为何对单位分数情有独钟，我们就不得而知了，无论如何，利用

单位分数，分数的四则运算得以进行了，尽管做起来比较麻烦。也正因为如此，才有了被后人称为埃及分数（Egyptian fractions）的数学问题，这也是莱茵德纸草书中最有价值的问题。埃及分数属于数论的一个分支——不定方程（也称丢番图方程，以古希腊最后一个大数学家丢番图命名），它讨论的是下列方程的正整数解

$$\frac{4}{n} = \frac{1}{x_1} + \frac{1}{x_2} + \cdots + \frac{1}{x_k}$$

埃及分数引出了大量的问题，其中有许多至今尚未获得解决，同时它还不断产生新的问题。可以毫不夸张地说，每年世界各国都有硕士、博士论文甚至大师们的工作是围绕着这个问题开展研究的。下面我们来举几个例子，1948年，匈牙利数学家爱多士（1913~1996，与陈省身分享1984年度沃尔夫奖）和德国出生的美国数学家、爱因斯坦的助手斯特劳斯（1922~1983）曾经猜测：

$$\frac{4}{n} = \frac{1}{x} + \frac{1}{y} + \frac{1}{z}$$

当 $n > 1$ 时总有解。显而易见，只要验证当 n 为素数 p 猜想成立即可。美国出生的英国数学家莫德尔（1888~1972，为了他的一个猜想的证明颁发了一枚菲尔茨奖）证明了，除了 $n \equiv 1$，11^2，13^2，17^2，19^2，23^2（mod 840）之外，此猜想皆成立。这里 $a \equiv b$（mod m）表示 m 整除 $a - b$，称 a 和 b 关于模 m 同余。不难验证，当 $n \equiv 2$（mod 3），上述猜想恒定成立，事实上，

$$\frac{4}{n} = \frac{1}{n} + \frac{1}{\frac{n-2}{3}+1} + \frac{1}{n\left(\frac{n-2}{3}+1\right)}$$

还有人验证了，当 $n < 10^{14}$ 时猜想正确。

接下来，数论学家要考虑的问题是

$$\frac{5}{n} = \frac{1}{x} + \frac{1}{y} + \frac{1}{z}$$

1956年，波兰数学家席宾斯基（1882~1969）猜测，当 $n > 1$ 时上述方程均有解。有人验证了当 $n < 10^9$，或者 n 不是形如 $278460k + 1$ 的数时，此猜测为真。

可是，上述两个问题的完全解决看来仍遥遥无期。之所以在这里展开这两个问题的部分细节无非是想表明，古埃及人的数学并不是我们所想象的那样简单明了。另一方面，也想借此说明，研读某些看似简单的经典问题，常常会给处于现代文明中的我们带来新的启示。费尔马大定理便是一个很好的例子，那是一个17世纪的法国人阅读3世纪的希腊人的著作所产生的灵感。难怪20世纪现代派诗歌的领袖、美国诗人庞德要说："最古老的也是最现代的。"

在河流之间

巴比伦尼亚

尼罗河即使到入海处附近的首都开罗，水流依然是平缓的，可是流经巴格达的底格里斯河和与之比肩的幼发拉底河却汹涌湍急，正如居住这块被称作美索不达米亚（希腊文的含义为"在河流之间"，即今天的伊拉克）的土地上的人民所经历的诸多战乱一样。（和平时期经济发展速度也快，是大型商队的必经之地。）自有历史记载以来，它先后被十多个外来民族所侵占，却一直维持

①地中海②红海③波斯湾④里海⑤黑海
两个小湖分别是土耳其的凡湖和伊朗的乌尔米耶湖

着高度统一的文化，并曾经三次（苏美尔人、巴比伦尼亚和新巴比伦王国）达到人类文明的最高点。这其中，楔形文字的使用至关重要，它无疑是文化统一的融合剂。

巴比伦尼亚位于美索不达米亚东南部，即巴格达周围向南直至波斯湾，巴比伦城是这一地区的首府，因此又简称巴比伦。和埃及人一样，巴比伦人也居住在河流之滨，那里土地肥沃，易于灌溉，孕育出了灿烂的文明。除了创造楔形文字以外，还制订出最早的法典、建立了城邦，发明陶轮、帆船、耕犁等。同时，他们还是锲而不舍的建筑师，通天塔和空中花园便是这种精神的产物。正如《大英百科全书》的编撰者所写的，巴比伦人的文学、音乐和建筑式样影响了整个西方文明。

在计数方式上，巴比伦人更是独出心裁，他们采用了60进制。有趣的是，巴比伦人只用了两个记号，即垂直向下的楔子和横卧向左的楔子，再通过排列组合，便可以表示所有的自然数。众所周知，巴比伦人还把一天分成24小时，每小时60分钟，每分钟60秒。这种计时方式后来传遍全世界，至今已沿用四千多年。

与埃及人在纸草书上书写的习惯不同，两河流域的居民用尖芦管在潮湿的软泥板上刻下楔形的文字，然后将其晒干或烘干，这样制作的泥版文书比纸草书易于保存，迄今已有50万块出土，成为我们了解古代巴比伦文明的主要文献和工具。只是，人们对楔形文字的释读比埃及象形文字要晚，大约在19世纪中期才完成，这有赖于一块叫贝希斯敦的石崖，它坐落在今天伊朗西部邻近伊拉克的城市巴赫塔兰郊外。

和罗塞塔石碑一样，贝希斯敦石崖上也用三种文字刻着同一篇铭文，分别是巴比伦文、古波斯文和埃兰文，其中埃兰是古波斯的一个国家，连同它的语言一起消亡了。破解石碑上的巴比伦文的是一名叫罗林森的英国军官，他早年作为一名军校生被派往印度，在英国的东印度公司任职。23岁那年，罗林森与其他英国军官奉命赴伊朗整编伊朗国王的军队，由此对波斯古迹发生兴趣。他利用古波斯文的知识，释读了楔形文字书写的巴比伦语。

原来，这篇铭文讲的是波斯帝国最负盛名的统治者大流士一世如何杀死国王的继承人、击溃反对者取得王位的故事，此事发生在公元前6世纪。大流士的国土横跨亚欧非三大洲，自然也把巴比伦置于波斯的版图之内。值得一提的是，按照希罗多德的说法，大流士是在得知他的军队在著名的马拉松战役中溃败的消息之后去世的，那是他对希腊发动的第一次进攻。不过，即便破解了巴比伦语，对泥版书中数学部分的释读也要等到20世纪三四十年代才取得突破。

泥版书上的根

在那50万块出土的泥版文书中，有三百多块是数学文献。我们今天对于巴比伦人数学水平的了解，便是基于这些材料。如同前文所介绍的，巴比伦人创造了一套60进制的楔形文字记数体系（用重复的短线或圆圈表示），并把小时和分钟划分成60个单位。与埃及人相比，巴比伦人的数字符号有所不同，一个数处于不同位置可以表示不同的值，这是一项了不起的成就。稍后，他们甚至把这个原理应用到整数以外的分数。这样一来，在处理分数时就不会像埃及人那样依赖单位分数了。

比起埃及人来，巴比伦人更擅长算术。他们创造出许多成熟的算法，开方根即是其中的一例。这种方法简单有效，具体步骤如下：为求 $\sqrt{a}$ 的值，设 a_1 为其近似值，先求出 $b_1 = a / a_1$，令 $a_2 = (a_1 + b_1)/2$；再求出 $b_2 = a/a_2$，令 $a_3 = (a_2 + b_2)/2$；继续下去，这个数值会越来越接近 $\sqrt{a}$，并在其正确值附近振荡。例如，在由美国耶鲁大学收藏的一块泥版书（编号7289）里，将 $\sqrt{2}$ 用一个60

泥版书上的楔形文字 　　　　　巴比伦人计算出$\sqrt{2}$，精确到小数点后5位

进制的小数表示，

$$\sqrt{2} \approx 1 + \frac{24}{60} + \frac{51}{60^2} + \frac{10}{60^3} = 1.41421296\cdots$$

这是相当精确的估计，因为正确的值为$\sqrt{2} \approx 1.41421356\cdots$

巴比伦人在代数领域也取得了不错的成绩，埃及人只能求解线性方程，对于二次方程他们只会解$ax^2 = b$这类最简单的情形。还是在耶鲁大学收藏的一块泥版书里，给出了二次方程$x^2 - px - q = 0$的求根公式，

$$x = \sqrt{(\frac{p}{2})^2 + q} + \frac{p}{2}$$

由于正系数二次方程没有正根，因此除了上述情形以外，还有另外两种类型，对此泥版书里也给出了正确的求解程序。这与16世纪法国数学家韦达发明的根与系数关系式如出一撤，只不过韦达考虑的是更一般的情形，即方程$ax^2 + bx + c = 0$。因此，我们不妨称其为"巴比伦公式"。而对于$x^3 = a$或$x^3 + x^2 = a$这类特殊的三次方程，巴比伦人虽然没有办法求得一般的解法，但却制订出相应的表格

（前者情形即立方根表）。

可是，在几何学方面，巴比伦人的成就并没有超过埃及人。例如，他们对四边形的面积估算与埃及人的计算公式一致，十分粗糙。至于圆的面积，他们通常认定其值为半径平方的三倍，相当于取圆周率为3，其精确度尚不及埃及人。不过，有证据表明，巴比伦人懂得用相似性的概念来求线段的长度。对于E. T. 贝尔所称赞的莫斯科纸草书中"最伟大的金字塔"，巴比伦人也能推导出类似的公式。

普林顿322号

有一些泥版文书上的问题说明巴比伦人对数学除了实用目的以外，还有理论上的兴趣，这一点是埃及人难以企及的。在一块叫"普林顿322号"的泥版书上有很好的体现，这块泥版书的来历已经无法考证，只知道曾被一个叫普林顿的人收藏过，322是他个人的收藏编号，现存于纽约哥伦比亚大学图书馆。其实，普林顿322号是一块更大的泥版文书的右半部分，因为其左边是断裂的，留有胶水的痕迹，这说明缺损部分是出土后丢失的。

现存的这块泥版面积很小，长度和宽度分别只有12.7厘米和8.8厘米。书写在上面的文字是古巴比伦语，因此年代至晚在公元前1600年。实际上，这块泥版只刻着一张表格，由4列15行60进制数字组成。因此，在相当长的时间内，它被人们误认为是一张商业账目表而未受重视。直到1945年，时任美国《数学评论》编辑的诺伊格包尔发现了普林顿322号的数论意义，才引起了人们对它的极大兴趣。

诺伊格包尔的研究表明，普林顿322号与毕达哥拉斯数组有关。所谓毕

普林顿322号

达哥拉斯数组是指满足

$$a^2 + b^2 = c^2$$

的任何正整数数组（a，b，c），它在古代中国也被称为整勾股数，最小的一组是（3，4，5）。从几何学意义上讲，每一组毕达哥拉斯数皆构成某个整数边长的直角三角形（又称毕达哥拉斯三角形）的三条边长。诺伊格包尔发现，第2、3列的相应数字，恰好构成毕达哥拉斯三角形的斜边c和一条直角边b。只有第4行例外，诺伊格包尔认为那可能是笔误，并作了纠正。

例如这张表上的第1、5和11行分别是数组（1，59；2，49），（1，5；1，37），（45；1，15），转化成10进制就是（120，119，169），（72，65，97），（60，45，75），这里每组第一个数是计算后得出来的另一条直角边a，它们恰好是整数。在补出空缺数字后，诺伊格包尔发现，第4列（第1列是序号）的数字是$s = (\frac{c}{a})^2$，也就是说，s是b边所对的角的正割的平方。即若设b边的对角为B，则

$$s = csc^2 B$$

普林顿 322 号第 4 列实际上给出的是，一张从 31° 到 45° 的正割函数平方表（以约 1° 的间隔）大约过了一千年以后，希腊人才知道，互素的毕达哥拉斯数（a，b，c）可由下列参数公式导出，即

$$a = 2uv, \ b = u^2 - v^2, \ C = u^2 + v^2$$

其中 $u > v$，u、v 互素且一奇一偶。可是，巴比伦人是如何计算出这些数字的，这无疑是一个谜。

由于诺伊格包尔天才的发掘，提升了巴比伦人的数学成就。因此，我想在这里介绍一下这位奥地利人。诺伊格包尔于19世纪的最后一年出生，自小父母双亡，由叔叔抚养成人。18岁那年，为了逃避毕业考试，他入伍当了炮兵。一战结束时，他在意大利的俘虏营里与同胞哲学家维特根斯坦成为狱友。战后他辗转于奥地利和德国的几所大学，学习物理学和数学，最后在哥廷根大学攻读数学史，毕业后先后执教布朗大学和普林斯顿大学。诺伊格包尔精通古埃及文和巴比伦文，他是德国和美国两家《数学评论》的创始人。

结语

除了上面介绍的数学成就以外，埃及人和巴比伦人还将数学大量地应用于实际生活中。他们在纸草书、泥版书上记载账目、期票、信用卡、卖货单据、抵押契约、待发款项，以及分配利润等事项。算术、代数被用于商业交易，几何公式则用来推算土地和运河横断面的面积，计算储存在圆形仓或锥形包中的粮食。当然，无论埃及人的金字塔，还是巴比伦人的通天塔和空中花园，都凝聚着数学的智慧和光芒。

在数学和天文学被用于计算历法和航海之前，人类本能的好奇心和对大

自然的恐惧存在已久，他们年复一年地观察太阳、月亮和星星的运行。埃及人已经知道一年共有365天，他们对季节的变化也有所了解和掌握。人们通过对太阳方位和角度的观察，预计尼罗河水泛滥的时间；通过对星星的位置和方向的辨别，确定在海洋（地中海或红海）中航船的方向。而巴比伦人不仅能预测各大行星在每一天的位置，且能把新月和亏蚀出现的时间算准到几分钟之内。

另一方面，在巴比伦和埃及，数学与绘画、建筑、宗教以及自然界的探究之间的联系，在密切性和重要性方面丝毫不逊色于数学在商业、农业等方面的应用。巴比伦和埃及的祭司可能掌握了普遍的数学原理，但他们对这些知识秘而不宣，只用口头的方法传授，从而在人民大众中加剧了对统治阶级的敬畏。这样一来，尤其是与没有僧侣阶级统治的文明比较起来，显得不利于数学和其他文明的发展。

当然，宗教神秘主义本身也对自然数的性质产生了好奇，并将数作为表达神秘主义思想的一个重要媒介。一般认为，巴比伦的祭司发明了这种有关数的神秘甚或魔幻的学说，后来又为希伯来人加以利用并发展了。比如数字7，巴比伦人最早注意到了，它是上帝的威力和复杂的自然界之间的一个和谐点，到了希伯来人手里，7又成为一个星期的天数。《圣经》里说，上帝用6天时间造物和人，第7天是休息天。

还有一些数字之谜，比如，巴比伦人为何要把圆分为360度？这可能是巴比伦人在公元前最后一个世纪的创造，但却与他们使用已久的60进制无关，后者被用于小时和分、秒之间的计量换算。2世纪的希腊天文学家托勒密接纳了巴比伦人的这种分法，之后一直被我们所沿用。而埃及人则把他们的天文和几何知识用于建造神庙，使得一年中白昼最长的那一天，阳光能直接进入庙宇，照亮祭坛上的神像。金字塔的方位也朝向天上特定的方向，而斯芬克斯的面则朝向东方。

可以说，是人类层出不穷的需要和兴趣，加上对天空的无法抑制的冥想，激发了自身的数学灵感和潜能。巧合的是，自然界本身也刚好存在数学的规律，或者说，它是以数学的形式存在着的。无论柏拉图所言，上帝是一位几何学家，还是雅可比修正的，上帝是一位算术家；似乎都意味着，造物主是以数学的方式创造世界的。这样一来，我们就更容易明白，数学不仅来源于人们生存的需要，最终也一定是要返回到这个世界中去的。

不幸的是，无论埃及还是巴比伦尼亚，在历史上都不断遭受外敌入侵，中东地区的文明或权力交替频繁。特别是在7世纪中叶，阿拉伯人的统治重新确立了这两个地区的语言和宗教信仰。后来，这两个民族都没有很好地进入现代社会，可以说社会发展和生产力水平偏低，虽然伊拉克已探明的石油储量为世界第二。进入21世纪以来，它们又相继经历了"伊拉克战争"和"茉莉花革命"。如此看来，一个国家或民族某个时期数学和文明的发达，并不能确保其经济社会永远持续有效地发展。

古希腊的数学家和哲学家人才辈出，就如同文艺
复兴时期意大利的作家和艺术家一样。

——作者

数字与玫瑰

毕达哥拉斯在直角三角形的斜边上
弹拨乐曲，一边苦苦地构想着
那座水晶般透明的有理数迷宫

他的故乡在爱琴海的萨摩斯岛
从小就没有想要做水手，也没有被
萨洛尼卡城里的漂亮姑娘诱惑

数字成为他心中最珍重的玫瑰
那些绯红、橙黄或洁白的花朵
巧妙地装饰着无与伦比的头脑

佛罗伦萨的莱昂拉多曾设法凑近
把妩媚的小美人吉勒芙拉撂在一旁
终于因为体格的缘故半途而废

2000年5月，麦德林

数学家的诞生

希腊人的出场

大约在公元前7世纪，在今天的意大利南部、希腊和小亚细亚（土耳其亚洲部分西部）一带兴起了希腊文明，它在许多方面不同于上一章讲述的埃及和巴比伦文明。按照英国作家韦尔斯的说法，巴比伦和埃及经过了长期的发展，从原始农业社会开始，围绕着庙宇和祭司缓慢地成长起来，而游牧的希腊人是外来的民族，他们侵占的土地上本来就有农业、航运、城邦甚至文字。因此，希腊人并没有产生自己的文明，而是破坏了一个文明，并在它的废墟上重新集合成另一个文明。也正因为这个原因，当后来被马其顿人攻占，希腊人也能坦然接受，并把入侵者同化了。

正如罗素在谈及埃及人和巴比伦人时所言，宗教的因素约束了智力的大胆发挥。埃及人的宗教主要是关心死后的日子，金字塔就是一群陵墓建筑；而巴比伦人对宗教的兴趣主要在于现世的福利，记录星辰的运动以及进行有关的法术和占卜，也都是为了这个目的。可是在希腊，既没有相当于先知或祭司那样的人，也没有一个君临一切的耶和华的概念。游牧出身的希腊人有着勇于开拓的精神，他们不愿意因袭传统，更喜欢接触并学习新鲜的事物。例如，希腊人把他们使用过的象形文字悄悄地改换成腓尼基人的拼音字母。

另一方面，每一个到过希腊的游客都会发现，这个国家的土地崎岖

古希腊数学家的出生地（作者手绘）
▲亚历山大 ■克罗内托
①泰勒斯 ②毕达哥拉斯③芝诺
④柏拉图⑤亚里士多德⑥阿基米德
⑦阿波罗尼奥斯⑧埃拉托色尼

不平，贫瘠的山脉把国土分隔，陆路交通极为不便。没有通畅的河流和水网，仅有少量肥沃的平原。当无法容纳所有的居民时，有些人便渡海去建设新的殖民地。从西西里岛、南意大利到黑海之滨，希腊人的城镇星罗棋布。既然有如此多的移民，返乡探亲和贸易往来便不可缺少，于是定期航线把东地中海和黑海的各个港口相连。（这一现象一直延续至今，雅典与爱琴海岛屿之间的航线密布。）加上早先由于地震移居到小亚细亚的克里特人，希腊人与东方的接触越来越多。

　　本来，希腊离两大河谷文明比较近，易于吸取那里的文化。现在，当大批游历埃及和巴比伦的希腊商人、学者返回故乡，他们带回了那里的数学知识。在城邦社会特有的唯理主义氛围中，这些经验的算术和几何法则被上升到具有逻辑结构的论证数学体系中。人们常常这样发问："为什么等腰三角形的两底角相等？""为什么圆的直径能将圆两等分？"美国数学史家伊夫斯指出，古代东方以经验为依据的方法，在回答"如何"这个问题时，是自信满满的，但当答复更为科学的追问"为什么"时，就不那么胸有成竹了。

　　最后，我们来谈谈希腊的城邦和政治特色。与东方文明古国多数时间大一统不同，希腊城邦始终处于割据状态，这当然与它的地理因素有关，山脉和海洋把人们分散在遥远的海岸上。再来看希腊的社会结构，它主要由贵族和平民两个阶级构成（有些地区有原住民充当农民、技工或奴隶），他们并不彼此截然分开，在战争中同属一个国王领导，而这个国王不过是某个贵族家庭中的首领。这样一来，这个社会便容易产生民主和唯理主义氛围。这一切，都为希腊人在世界文明的舞台上扮演一个重要角色做好了准备。

论证的开端

在人类文明史上不乏接踵而至的巧合，古希腊的数学家和哲学家人才辈出，就如同文艺复兴时期的意大利作家和艺术家一样。1265年，即大诗人但丁降生佛罗伦萨的第二年，这座城市又诞生了那个世纪最杰出的艺术家乔托。意大利人一般认为，艺术史上最伟大的时代，就是从他开始的。而按照英国艺术史家贡布里奇爵士的说法，在乔托以前，人们看待艺术家就像看待一个出色的木匠和裁缝一样，他们甚至经常不在自己的作品上署名，而在乔托以后，艺术史就成了艺术家的历史。

相比之下，数学家出道要早的多，第一个扬名后世的数学家是希腊的泰勒斯（Thales of Miletus，约公元前624～前547），他生活的年代比乔托早了18个世纪。泰勒斯出生在小亚细亚的米利都城（今土耳其亚洲部分西海岸门德雷斯河口附近），其时它是希腊在东方最大的城市，周围的居民大多是原先散居的爱奥尼亚移民，因此，那个地区也被称作爱奥尼亚。在这座城市里，商人统治代替了氏族贵族政治，因而思想较为自由和开放，产生了多位文学界和科学哲学界的著名人物，相传诗人荷马和历史学家希罗多德也来自爱奥尼亚。

泰勒斯定理

第一个数学家和哲学家泰勒斯

　　对于泰勒斯的生平，我们主要依赖于后世哲学家的著作。他早年经商，曾游历巴比伦和埃及，很快便学会并掌握了那里的数学和天文学知识，他本人的研究除了这两个领域以外，还涉及物理学、工程和哲学。亚里士多德讲到一则故事，有一年，泰勒斯依据掌握的农业知识和气象资料，预见到橄榄必然获得特大丰收，于是提前低价垄断了该地区的所有榨油机，后来果然如他所料，便高价出租，结果获得巨额财富。他这样做并不是想成为富翁，而是想回答有些人对他的讥讽：如果你真聪明的话，为什么不发财呢？

　　柏拉图记述了另一桩轶事，有一次泰勒斯仰观天象，不小心跌进沟渠，一位美丽的女子嘲笑说，近在足前都看不见，怎么会知道天上的事情呢？对此泰勒斯并未回应，倒是雅典执政官梭伦的发问刺痛了他。据罗马帝国时代的希腊传记作家普鲁塔克记载，有一天梭伦来米利都探望泰勒斯，问他为何不结婚。泰勒斯可能是许许多多终身独居的智者中的第一人，当时未予回答，几天以后，梭伦得到消息，他的儿子不幸死于雅典，这令他悲痛欲绝。

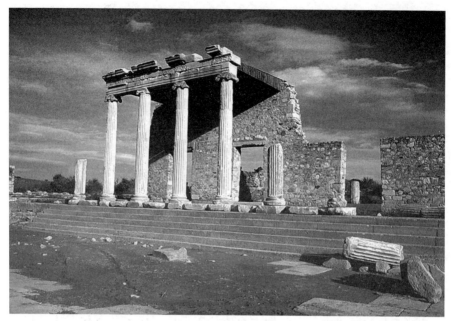

米利都残存的爱奥尼亚廊柱

这时候泰勒斯笑着出现了，在告之消息是虚构的以后，说明自己不愿娶妻生子的原因，就是害怕面对失去亲人的痛苦。

第一个数学史家欧德莫斯曾经写道："……（泰勒斯）将几何学研究（从埃及）引入希腊，他本人发现了许多命题，并指导学生研究那些可以推出其他命题的基本原理。"传说泰勒斯根据人的身高和影子的关系测量出埃及金字塔的高度，而柏拉图的一位门徒在书里写到，泰勒斯证明了平面几何中的若干命题：圆的直径将圆分成两个相等的部分；等腰三角形的两底角相等；两条相交直线形成的对顶角相等；如果两个三角形有两角、一边对应相等，那么这两个三角形全等。

当然，泰勒斯最有意味的工作是如今被称作"泰勒斯定理"的命题：半圆上的圆周角是直角。更为重要的是，他引入了命题证明的思想，即借助一些公理和真实性已经得到确认的命题来论证，可谓开启了论证数学之先河，这是数学史上一次不同寻常的飞跃。虽然没有原始文献可以证实泰勒斯取得了所有这些成就，但以上记载流传至今，使得他获得了第一个数学家和论证几何学鼻祖的美名，而"泰勒斯定理"自然也就成了数学史上第一个以数学家名字命名的定理。

在数学以外，泰勒斯也成就非凡。他认为，阳光蒸发水分，雾气从水面上升而形成云，云又转化为雨，因此断言水是万物的本质。虽然此观点后来被证明是错误的，但他敢于揭露大自然的本来面目，并建立起自己的思想体系（他还认定地球是个圆盘，漂浮在水面上），因此被公认为是希腊哲学的鼻祖。在物理学方面，琥珀摩擦产生静电的发现也归功于泰勒斯。有着"历史之父"美誉的希罗多德声称，泰勒斯曾准确地预测过一次日食。欧德莫斯则相信，泰勒斯已经知道按春分、夏至、秋分和冬至来划分的四季是不等长的。

毕达哥拉斯

在泰勒斯的引导下，米利都接连又产生了两位哲人，阿那克西曼德和阿那克西米尼，还有一位作家赫卡泰奥斯（他不仅用简洁优美的文笔写出了最早的游记，同时也是地理学和人种学的先驱）。阿那克西曼德认为世界不是由水组成的，而是由特殊的不为我们熟知的某种基本形式组成的，他认为地球是一个自由浮动的圆柱体。不仅如此，他还创造出一种归谬法，并由此推断出人是由海鱼演化而来的。阿那克西米尼的观点又有所不同，他认为世界是由空气组成的，空气的凝聚和疏散产生了各种不同的物质形式。

在离米利都城只有一箭之遥的爱琴海上，有一座叫萨摩斯的小岛。岛上的居民比陆地上保守一些，盛行一种没有严格教条的奥尔菲主义，经常把有共同信仰的人召集在一起。这或许是让哲学成为一种生活方式的开端。这种新哲学的先驱是毕达哥拉斯（Pythagoras of Samos，约公元前580～前500），他成年后离开萨摩斯岛，到米利都求学，可是泰勒斯却以年事已高为由拒绝了他，但建议他去找阿那克西曼德。毕达哥拉斯不久发现，在米利都人眼里，哲学是一种高度实际的东西，这与他本人超然于世界的冥想习惯相反。

按照毕达哥拉斯的观点，人可以分三类：最低层是做买卖交易的；其次是参加（奥林匹克）竞赛的；最高一层是旁观者，即所谓的学者或哲学家。之后，毕达哥拉斯离开了米利都，独自一人一路游历来到埃及，在那里居住了十年，学习了埃及人的数学。后来，他在埃及做了波斯人的俘虏，并又被掳到了巴比伦，在那里又住了五年，掌握了更为先进的数学。加上旅途的停顿，当毕达哥拉斯乘船返回自己的故乡，时间已经过去了19年，比后来中国东晋的法显（334～420）和唐代的玄奘法师（602～664）到印度取经所用时间还久。

可是，保守的萨摩斯人仍无法容纳毕达哥拉斯的思想，他只好再度漂洋过海，到意大利南部的克罗内托，在那里安顿下来，娶妻生子并广收弟子，形成了所谓的毕达哥拉斯学派。尽管这个社团是个秘密组织，有着严格的纪律，但他们的研究成果并没有被宗教思想所左右，反而形成了一个传递两千多年的科学（主要是数学）传统。"哲学"（$\varphi\iota\lambda o\sigma o\varphi\iota a$）和"数学"（$\mu a\theta\eta\mu a\tau\iota\chi a$）这两个词本身便是毕达哥拉斯本人所创造的，前者的意思是"智力爱好"，后者的意思是"可以学到的知识"。

毕达哥拉斯学派的数学成就主要包括：毕达哥拉斯定理，特殊的数和数组的发现如完美数（perfect number）、友好数（amicable number，又叫亲和数）、三角形数、毕氏三数，正多面体作图，$\sqrt{2}$ 的无理性，黄金分割，等等。这些工作有的至今悬而未决（完美数、友好数），有的被应用在日

萨摩斯岛上的毕氏纪念碑

常生活的方方面面，有的如毕氏定理则提炼出了费尔马大定理这样深刻而现代的结论。与此同时，毕达哥拉斯学派注重和谐与秩序，并重视限度，认为这即是善，同时强调形式、比例和数的表达方式的重要性。

　　毕达哥拉斯曾用诗歌描述了他发明的第一个定理：

　　　　斜边的平方，

　　　　如果我没有弄错，

　　　　等于其他两边的

　　　　平方之和。

　　这个早已被巴比伦人和中国人发现的定理的第一个证明是由毕达哥拉斯

毕达哥拉斯定理的证明   毕达哥拉斯胸像

给出的，据说他当时紧紧抱住哑妻大声喊道："我终于发现了！" 毕达哥拉斯还发现，三角形的三个内角和等于两个直角的和，他同时证明了，平面可以用正三角形、正四边形或正六边形填满。用后来的镶嵌几何学可以严格推导出，不可能用其他正多边形来填满平面。

至于毕达哥拉斯是如何证明毕氏定理的，一般认为他采用了一种剖分的方法。如图所示，设a，b，c分别表示直角三角形的两条直角边和斜边，考虑边长为a+b的正方形的面积。这个正方形被分成五块，即一个以斜边为边长的正方形和四个与给定的直角三角形全等的三角形。这样一来，求和后经过约减，就可以得到

$$a^2 + b^2 = c^2$$

关于自然数，毕达哥拉斯最有趣的发现和定义是友好数和完美数。所谓完美数是这样一个数，它等于其真因子的和，例如6和28，因为

$$6 = 1+2+3$$
$$28 = 1+2+4+7+14$$

《圣经》里提到，上帝用6天的时间创造了世界（第7天是休息日），而相信地心说的古希腊人认为，月亮围绕地球旋转所需的时间是28天（即便在哥白尼的眼里，太阳系也恰好有6颗行星）。必须指出的是，迄今为止，人们只发现了47个完美数，也没有人找到一个奇完美数，当然也没有人能够否定它的存在。

而友好数是指这样一对数，其中的任意一个是另一个的真因子之和，例如，220和284。后人为友好数添加了神秘色彩，使其在魔法术和占星术方面得到应用，《圣经》里提到，雅各送孪生兄弟以扫220只羊，以示挚爱之情。直到两千多年以后，第二对友好数（17926，18416）才由法国数学家费尔马找到，他的同胞笛卡尔（1596～1650）则找到了第三对。虽然运用现代数学技巧和计算机，数学家们发现了一千多对友好数，不过第二小的一对（1184，1210）却是在19世纪后期才由一位16岁的意大利男孩帕格尼尼找到的。

更为难得的是，毕达哥拉斯的思想持续影响了后世的文明。在中世纪时，他被认为是"四艺"（算术、几何、音乐、天文）的鼻祖。文艺复兴以来，他的观点如黄金分割、和谐比例均被应用于美学。16世纪初期，哥白尼自认为他的"日心说"属于毕达哥拉斯的哲学体系，稍后，自由落体定律的发现者伽利略也被称为毕达哥拉斯主义者，而17世纪创建微积分学的莱布尼茨则自认为是毕达哥拉斯主义的最后一位传人。

谈到音乐，这在毕达哥拉斯看来，是最能对生活方式起到净化作用的。他发现了音程之间的数的关系。一根调好的琴弦如果长度减半，将会奏出一个高八度音。同样地，如果缩短到三分之二，就奏出一个第四音，如此等等。调好的琴弦与和谐的概念在希腊哲学中占据重要地位。和谐意味着平衡，对立面的调整和联合，就像音程适当调高调低。罗素认为，伦理学（又称道德哲学）里中庸之道等概念，可以溯源到毕达哥拉斯的这类发现。

音乐上的发现也直接导出了"万物皆数"的理念，这可能是毕达哥拉斯哲学最本质的东西，它区别开了米利都的那三位先哲。在毕达哥拉斯看来，一旦掌握了数的结构，就控制了世界。在此以前，人们对数学的兴趣主要源于实际的需要，例如埃及人是为了测量土地和建造金字塔，而到了毕达哥拉斯那里，却是"为了探求"（按希罗多德的说法）。这一点从毕达哥拉斯对"数学"和"哲学"的命名也可以看出，又如，"计算"一词的原意是"摆布石子"。

毕达哥拉斯认为，数乃神的语言。他指出，我们生活的世界的多数事物都是匆匆过客，随时都会消亡，唯有数和神是永恒的。当今社会早已进入数字时代，那似乎也是毕达哥拉斯的一个预言。只是，这个数字所控制的更多的是物质世界，尚缺少一点神圣或精神的东西。

柏拉图学园

芝诺的乌龟

毕达哥拉斯学派在政治上倾向于贵族制，因而在希腊民主力量高涨时受到冲击并逐渐瓦解，毕达哥拉斯本人也逃离了克罗托内，不久被杀。在持续不断的波（斯）希（腊）战争之后，雅典成为获胜的希腊的政治、经济和文化中心，尤其到了伯里克利（Pericles，约公元前495～前429）时代，他对雅典民主政治制度的形成和发展做出重大贡献，其成就包括始建于公元前447年的卫城。与此同时，希腊数学和哲学也随之走向繁荣，并产生了许多学派。第一个著名的学派叫伊利亚学派，创建人是毕达哥拉斯学派成员巴门尼德（Parmenides，约公元前515～？），他居住在意大利南部伊利亚（今那波利东南一百多公里处），代表人物是他的学生芝诺（Zeno，约公元前490～前430），师徒俩堪称前苏格拉底时期最有智慧的希腊人。

伯里克利像

　　巴门尼德是少数几个用诗歌的形式表达哲学观点的希腊哲学家之一，他留下的诗集《论自然》残片第一部分叫《真理之路》，其中包含了后来的哲学家们十分感兴趣的逻辑学说。巴门尼德认为，存在物的多样性及其变化形式和运动，不过是唯一永恒的存在之现象而已，于是产生了"一切皆一"的巴门尼德原理。巴门尼德认为无法想到的东西不能存在，因此能存在的是可以被想到的，这就与前辈哲学家赫拉克利特的"它存在又不存在"相对抗。他还引入理性证明的方法，作为论断的基础，因而被看作形而上学的创立者。值得一提的是，赫拉克利特、毕达哥拉斯和巴门尼德被认为是海外的爱奥尼亚人。

　　柏拉图在对话《巴门尼德》篇里，用暧昧揶揄的语调记叙了巴门尼德和他的弟子芝诺去雅典的一次访问，其中写道："巴门尼德年事已高，约65岁；头发灰白，但仪表堂堂。那时芝诺约40岁，身材魁梧而美观，人家说他已变成巴门尼德所钟爱的人了。"虽然后世的希腊学者推测这次访问是柏拉图虚构的，但却认为对话中对芝诺观点的描写是准确可靠的。据信芝诺为巴门尼德的"存在论"作了辩护，但是不像他的老师那样从正面去证明存在是"一"而不是"多"，他用归谬法去反证："如果事物是多数的，将要比'一'的假设得出更可笑的结果。"

　　这一方法就成了所谓"芝诺悖论"的出发点，芝诺从"多"和运动的假设出发，一共推出了40个不同的悖论。可惜由于著作失传，至今只留下8个，其中4个关于运动的悖论最为著名，这依赖于亚里士多德的《物理学》等著作的记载。即便是这几个悖论，后人的领会也是不得要领，他们认同亚里士多德的引述，认为它们只不过是些有趣的谬见而加以批判。直到19世纪下半叶，学者们重新研究芝诺的悖论，才发现它们与数学中连续性、无限性等概念紧密相关。

　　下面我们来依次介绍芝诺的4个运动悖论，引号内的文字是亚里士多德

《物理学》中的原话：

一、二分说。"运动不存在。原因在于，移动事物在到达目的地之前必须先抵达一半处。"

二、阿基里斯追龟。阿基里斯（荷马史诗的《伊利亚特》中善跑的猛将）永远追不上一只乌龟，因为阿基里斯每次必须首先跑到乌龟的出发点。

三、飞箭静止说。"如果移动的事物总是'现在'占有一个空间，那么飞驰的箭也是不动的。"

四、运动场。空间和时间不是由不可分割的单元组成。例如，运动场跑道上有三排队列 A、B、C，令 A 往右移动，C 往左移动，其速度相对于 B 而言均是每瞬间移动一个点。这样一来，A 就在每个瞬间离开 C 两个点的距离，因而必存在一更小的时间单元。

前两个悖论针对的是事物无限可分的观点，后两个则蕴涵着不可分无限小量的思想。要澄清这些悖论需要高等数学的知识，尤其是极限、连续和无穷集合等概念，这在当时和后来的希腊人看来是无法理解的，因此包括亚里士多德在内的智者也不能给出解释。可是，亚里士多德分明注意到了，芝诺是从对方的论点出发，再用反证法将其论点驳倒，因此，他称芝诺是雄辩术的发明者。当然，这一切首先是由于希腊的言论自由和学派林立的氛围给了学者们探求真理的机会。

芝诺自幼在乡村长大，运动是他所热爱的，也许他提出这些悖论纯粹是出于好奇和好胜，而并非要给城里的大人物们制造恐慌。不过，芝诺应该是反毕达哥拉斯主义的，后者把一切归因于整数。无论如何，正如 E. T. 贝尔所言，芝诺曾"以非数学的语言，记录下最早同连续性和无限性格斗的人们所遭遇到的困难"。在 2400 年以后的今天，人们已经明白，芝诺的名字将永远不会从数学史或哲学史中消除。近代德国哲学家黑格尔在《哲学史讲演录》中指出，芝诺主要是客观而辩证地考察了运动。他称芝诺是"辩证法的创始人"。

柏拉图学园

现在我们要谈论古希腊三大哲学家之一的柏拉图（Plato，公元前427~前347），还有两位分别是他的老师苏格拉底（Socrates，公元前469~前399）和学生亚里士多德。这三位都与雅典有关，苏格拉底和柏拉图出生在雅典，亚里士多德则在那里学习之后又执教。苏格拉底既无著作流传后世，也没有建立什么学派，有关他的生平和哲学思想我们主要通过柏拉图和另一位弟子色诺芬（Xenophon，公元前431~前350）来了解。后者是一位将军，同时也是历史学家和散文家。苏格拉底在数学方面并无太大的建树，但正如两位弟子所评价的，他在逻辑学上有两大贡献，即归纳法和一般定义法。

苏格拉底对柏拉图的影响是无法估量的，尽管后者出身于显赫家庭，前者的双亲分别是雕刻匠和助产士。苏格拉底貌不惊人，且不修边幅，却对肉体有着惊人的克制力，有时说话时突然停下来陷入沉思。尽管很少饮酒，但每饮必有酒友滚倒在桌子底下而他自己却毫无醉意。苏格拉底之死（因受指控腐蚀雅典青年的灵魂而被判服毒），以及临死前表现出来的大无畏精神，给柏拉图深深的刺激，使他放弃了从政的念头，终其一生投入哲学的研究。他称他的导师是"我所见到的最智慧、最公正、最杰出的人物"。

苏格拉底死后，柏拉图离开了雅典，开始了长达10年（或许是12年）的漫游，先后游历了小亚细亚、埃及、昔兰尼（今利比亚）、南意大利和西西里等地。途中柏拉图接触了多位数学家，并亲自钻研了数学。返回雅典之后，柏拉图创办了一所颇似现代私立大学的学园（academy，这个词现在的意思是科学院或高等学府）。学园里有教室、饭厅、礼堂、花园和宿舍，柏拉图自任园（校）长，他和他的助手们讲

拉斐尔名画《雅典学派》。柏拉图和亚里士多德居中，毕达哥拉斯、芝诺、欧几里得均在其列

授各门课程。除了几次应邀赴西西里讲学以外，他在学园里度过了生命的后四十年，而学园本身则奇迹般地存在了九百年。

作为哲学家，柏拉图对欧洲的哲学乃至整个文化、社会的发展有着深远的影响。他一生共撰写了36本著作，大部分用对话的形式写成。内容主要关于政治和道德问题，也有的涉及形而上学和神学。例如，在《国家篇》里他提出，所有的人，不论男女，都应该有机会展示才能，进入管理机构。在《会饮篇》里这位终生未娶的智者也谈到了爱欲："爱欲是从灵魂出发，达到渴求的善，对象是永恒的美。"用最通俗的话讲就是，爱一个美人，实际上是通过美人的身体和后嗣，求得生命的不朽。

虽然柏拉图本人并没有在数学研究方面做出特别突出的贡献（有人将分析法和归谬法归功于他），但他的学园却是那个时代希腊数学活动的中心，大多数重要的数学成就均由他的弟子取得。例如，一般整数的平

方根或高次方根的无理性研究（包括由无理数的发现导致的第一次数学危机的解脱），正八面体和正二十面体的构造，圆锥曲线和穷竭法的发明（前者的发明是为了解决倍立方体问题[1]），等等。甚至连大数学家欧几里得（Euclid）早年也来阿卡德米攻读几何学，这一切使得柏拉图及其学园赢得了"数学家的缔造者"美名。

对数学哲学的探究，也起始于柏拉图。在他看来，数学研究的对象应该是理念世界中永恒不变的关系，而不是感觉的物质世界的变化无常。他不仅把数学概念和现实中相应的实体区分开来，也把它和在讨论中用以代表它们的几何图形严格区分。举例来说，三角形的理念是唯一的，但存在许多三角形，也存在相应于这些三角形的各种不完善的摹本，即具有各种三角形形状的现实物体。这样一来，就把起始于毕达哥拉斯的对数学概念的抽象化定义又向前推进了一步。

在柏拉图的所有著作中，最有影响的无疑要数《理想国》了。这部书由10篇对话组成，核心部分勾勒出形而上学和科学的哲学。其中第6篇谈及数学假设和证明。他写道："研究几何、算术这类学问的人，首先要假定奇数、偶数、三种类型的角以及诸如此类的东西是已知的。……从已知的假设出发，以前后一致的方式向下推，直至得到所要的结论。"由此可见，演绎推理在学园里已经盛行。柏拉图还严格把数学作图工具限制为直尺和圆规，这对于后来欧几里得几何公理体系的形成有着重要的促进作用。

谈到几何学，我们都知道那是柏拉图极力推崇的学问，是他构想的要花费10年学习的精密科学的重要组成部分。柏拉图认为创造世界的上帝是一个"伟大的几何学家"，他本人对（仅有的）五种正多面体的特征

1　倍立方体是所谓古希腊三大几何问题之一，另外两个问题是化圆为方、三等分角。直到19世纪，数学家们才弄清楚，这三个问题实际上是不可解的。

柏拉图《理想国》残页（P36）

被称为柏拉图多面体的五种正多面体

和作图有过系统的阐述，以至于它们被后人称为"柏拉图多面体"。从6
世纪以来广为流传的一则故事说，在柏拉图学园门口刻着"不懂几何学
的人请勿入内"。无论如何，柏拉图充分意识到了数学对探求人类理想
的重要性，在他晚年的一部著作中，他甚至把那些无视这种重要性的人
形容为"猪一般"。

亚里士多德

公元前347年，柏拉图在参加一位朋友的结婚宴会时，忽感不适，退
到屋子一角平静地辞世，享年80岁。虽然没有记载，但在参加他葬礼的
人中间，应该有他亲自教诲过的学生亚里士多德（Aristotle，公元前384~
前322）。自从17岁那年被监护人送入柏拉图学园，他跟随老师已经整整
20年了。亚里士多德无疑是学园培养的最出色的学生，他后来成为世界
古代史上最伟大的哲学家和科学家，对西方文化的取向和内容有着深远

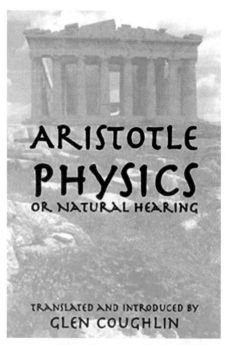

亚里士多德塑像

2004 年美国圣奥克斯丁出版社新版的
亚里士多德的《物理学》

的影响，是其他任何思想家无法相比的。

　　亚里士多德出生在希腊北部哈尔基季基半岛上，当时是马其顿的领土（如今是希腊北部的旅游中心），其父曾担任马其顿国王的御医。或许是受父亲的影响，他对生物学和实证科学饶有兴趣，而在柏拉图的影响下，他后来又迷恋上哲学推理。在柏拉图死后，亚里士多德开始了漫游（正像苏格拉底去世后柏拉图开始漫游一样）。他和他的同学兼好友先到小亚细亚的阿苏斯停留了三年，接着到附近莱斯沃斯岛上的米蒂利亚创办了一个研究中心（这两处地方的地理位置恰如南面的米利都和萨摩斯岛），开始了生物学的研究。

　　42岁那年，亚里士多德应马其顿国王菲力二世的邀请，来到首都培拉担任13岁的王子亚历山大的家庭教师。他试图依照荷马史诗的《伊利亚特》中的英雄塑造王子，使其体现希腊文明的最高成就。几年之后，亚里士多德返回了故乡，直到公元前335年，亚历山大继承了王位，他又来到雅典，创办了自己的学园（吕园）。此后的12年间，除了研究和写作，他把自己的精力投入到吕园的教学和管理事务上。据说亚里士多德授课时喜欢在庭园里边走边讲，以至于今日英文里演讲或论述一词（discourse）的原意就是"走来走去"。

吕园和学园均坐落在雅典的郊外，与柏拉图的兴趣偏向数学不同，亚里士多德的兴趣主要在生物学和历史学。但亚里士多德毕竟在学园里熏陶了20年，因而继承了柏拉图的部分数学思想。他对定义作了更为细致的讨论，同时深入研究了数学推理的基本原理，并将它们区分为公理和公设。在他看来，公理是一切科学共同的真理，而公设则是为某一门科学所特有的最初原理。

亚里士多德在数学领域里最重要的贡献是将数学推理规范化和系统化，其中最基本的原理是矛盾律——一个命题不能既是真的又是假的，和排他律——一个命题要么是真的，要么是假的，两者必居其一。这两条早已成为数学证明的核心。在哲学领域，亚里士多德最大的贡献在于创立了形式逻辑学，尤其是俗称三段论的逻辑体系，这是他百科全书式的众多建树中的一个支柱。形式逻辑被后人奉为推理演绎的圭臬，在当时，则为欧几里得几何学奠定了方法论的基础，后者无疑是希腊数学黄金时代的标志性成就。

此外，亚里士多德还是新近从数学独立出来的统计学的鼻祖。他反复撰写的"城邦政情"包含了各个城邦历史、行政、科学、艺术、人口、资源和财富等社会和经济情况的比较分析。这类研究后来延续了两千多年，直到17世纪中叶才被替代，并迅速演化为"统计学"（statistics），其依然保留了城邦（state）的词根。

1623年出版的亚里士多德的《诗学》

最后，必须要提及的是亚里士多德的《诗学》，不仅讲述如何写诗，也教导人们如何作画、演戏……这部薄薄的小册子与稍后出版的欧几里得的《几何原本》都是基于对三维空间的模仿基础之上，只不过前者是形象的模仿，后者是抽象的模仿，它们堪称古代世界文艺理论和数学理论的最高总结。

亚历山大学派

《几何原本》

比起我们前面讲到的人物来，欧几里得出生要晚许多，但却没有留下任何生活细节或线索。我们甚至不知道他到底出生在哪个洲，欧洲、亚洲还是非洲？这是数学史上的一个难解之谜，至于他的生卒年我们更是无从知晓。我们只知道，他曾在雅典的柏拉图学园学习，后来（大约在公元前300年前后）受聘来到埃及的亚历山大大学数学系任教，并留下一部《几何原本》的著作。其实，书名"Elements"的本意是"原本"。由于这部书作为教科书被广泛地使用了两千多年（今天初等数学的主要内容仍在其中），加上数学对人类智慧的重要性，他被认为是所有纯粹的数学家中对世界历史的进程最有影响力的一位。

现在我必须要介绍一下亚历山大这座城市。在伯罗奔尼撒战争以后，希腊处于政治上的分裂时期，北方的马其顿人乘虚而入，不久便攻陷了雅典。等到年轻的亚历山大继承了王位，在为希腊的文明所折服的同时，他开始实施征服世界的野心，在他的军队取得节节胜利的同时，也选择良好的位置建造一座座新的城市。当亚历山大占领埃及之后，便在地中海边的一个地方（开罗[1]西北方向两百多公里处）建起一座以他自己名字命名的

---

[1]　虽说开罗的历史只有一千三百多年，但它的近郊（已经毁坏的孟菲斯）五千年前就曾是座大都市，尼罗河在此分成两个支流注入地中海，其中一支就叫罗塞塔。

1537年印制的《几何原本》中的一页

欧几里得塑像

城池，那是在公元前332年。他不仅请来最好的建筑师，还亲自监督规划、施工和移民。

九年以后，亚历山大远征印度回来，在巴比伦暴病身亡，年仅32岁。之后，他的庞大帝国一分为三，但仍然联合在希腊文化的旗帜下。等到托勒密统治埃及，他便把亚历山大定为首都。为了吸引有学问的人到这座城市来，他下令建立了著名的亚历山大大学，其规模和建制堪与现代大学媲美。该大学的中心是大图书馆，据说藏有六十多万卷纸草书。那以后，亚历山大便成为希腊民族精神和文化的首都，持续了将近一千年。直到19和20世纪，希腊最负盛名的现代诗人卡瓦菲（1863～1933）仍选择在亚历山大度过大半生。

欧几里得正是在上述背景下来到亚历山大的，他的《几何原本》应是在此期间写成的。书中提出的有关几何学和数论的几乎所有定理在他之前就已经为人知晓，使用的证明也大体如此。但他却将这些已知的材料作了整理和系统的阐述，包括对各种公理和公设作了适当的选取。后一项工作并不容易，需要超乎寻常的判断力和洞察力。之后，他非常仔细地将这些定理作了安排，使得每一个定理与以前的定理在逻辑上保持一致。欧几里得因此被公认为是古希腊几何学的集大成者，《几何原本》问世以后，很快取代了以前的教科书。

欧几里得之所以能做到这一点，应与他在柏拉图学园所受的熏陶有关。柏拉图强调终极实在的抽象本性和数学对于训练哲学思维的重要性，在他的影响下，包括欧几里得在内的一些数学家将理论从实际需要中分离出来。在这部古代世界（也可以说是所有年代）最著名的教科书里，欧几里得从定义、公设和公理出发，他把点定义为没有部分的一种东西，线（现在称为弧线或曲线）是没有宽度的长度，直线是其上各点无曲折排列的线，等等。全书共分13篇，其中第1～6篇讲的是平面几何，第7～9篇讲的是数论，第10篇讲的是无理数，第11～13篇讲的是立体几何。全书共收入465个命题，用到了5条公设和5条公理。众所周知，对第5公设的证明或替换的尝试导致了非欧几何学的诞生，我们在第七章将会详细谈论。

在这里，我想特别介绍一下数论部分，它们中相当一部分仍然出现在今天的初等数论教科书中。例如，第7篇谈到了两个或两个以上正整数的最大公约数的求法（今称为欧几里得算法），并用它来检验两个数是否互素。第9篇中命题14相当于算术基本定理，即任何大于1的数可以分解成若干素数的乘积；命题20讲的是素数有无限多个，其证明被普遍认为是数学证明的典范，至今每本数论教科书不可或缺；命题36给出了著名的偶完美数的充要条件，这个源自毕达哥拉斯的问题至今无人能够彻底解决。

现在要讲述两则有关欧几里得的轶事，它们均来自他的希腊同行对《几何原本》的注释读本。据说有一次，国王托勒密向欧几里得询问学习几何学的捷径时，他脱口回答："几何学中没有王者之路。"还有一次，当一个跟欧几里得学习几何学的学生问他，学这门功课会得到什么时，欧几里得没有直接回答，而是命令一个奴仆给他一个便士。然后说："因为他总想着从学习中捞到什么好处。"

　　自从德国人谷登堡在15世纪中叶发明活字印刷术以来，《几何原本》在世界各地已经出版了上千个版本，它被认为是现代科学产生的一个主要因素，甚至思想家们也为它完整的演绎推理结构所倾倒。值得一提的是，由于亚历山大图书馆相继被罗马军队和偏激的基督徒烧毁，这部著作最完整的拉丁文版本是从阿拉伯文转译的。它被意大利传教士利玛窦（1552～1610）和徐光启（1562～1633）译成中文已是17世纪的事情了，且仅译出前6篇；整整两个半世纪以后，才由英国传教士伟烈亚力（1815～1887）和李善兰（1811～1882）完成较为完整的译本。

阿基米德

　　欧几里得来到亚历山大大学以后，该校数学系名声大震（他可能是系主任），引来各方青年才俊，其中最著名的要数阿基米德（Archimedes，公元前287~前212）。由于有多位罗马历史学家描述记载，阿基米德的生卒年较其他数学家更为可靠。他出生在西西里岛东南的叙拉古（又译锡拉库萨），与国王、王子或亲戚或朋友，其父是天文学家。早年阿基米德在埃及跟随欧几里得的弟子学习，回到故乡以后仍然和那里的人们保持密切的通信联系（他的学术成果多半通过这些信件得以传播和保存），因此可以算是亚历山大学派的成员。

　　阿基米德的著述甚丰，且多为论文手稿而非大部头著作的形式，这也

1543年印制的阿基米德著作　　　　　　　作于1620年的阿基米德画像

可谓是数学史上的第一人。这些论著的内容涉及数学、力学及天文学，流传至今的几何学方面的有《圆的度量》、《抛物线求积》、《论螺线》、《论球和圆柱》、《论劈锥曲面和旋转椭球》、《论平面图形的平衡或重心》，力学方面的有《论浮体》、《处理力学问题的方法》，还有一部给小王子写的科普著作《沙粒的计算》（王子长大后继承了王位并善待了阿基米德）。此外，他还有一部仅存拉丁文的著作《引理集》和一部用诗歌语言写的《牛群问题》，副标题是"给亚历山大数学家埃拉托色尼的信"。

在几何学方面，阿基米德最擅长探求面积和体积及其相关的问题，这方面他胜过欧几里得一筹。例如，他把穷竭法用于计算出圆的周长，他从圆内接正多边形着手，随着边数的逐渐增加，计算到96边时得到了圆周率的近似值 $\frac{22}{7}$，这个值准确到小数点后两位，即3.14，那是公元前人类所获得的圆周率最好的结果。用类似的方法他还证明了，球的表面积等于大圆的四倍，这样一来，球表面积的计算公式也有了。

可是，穷竭法只能严格证明已知的命题，却不能用来发现新的结果，为此阿基米德发明了一种平衡法，其中蕴涵着极限的思想并借助了力学上的杠杆原理，同时它是近代积分学里微元法的雏形。例如，球的体积公式（r为圆半径）

$$V = \frac{4}{3}\pi r^3$$

就是阿基米德用这个方法首先推算出来的，接着他用穷竭法给出了证明。这种发现和求证的双重方法无疑是阿基米德的独创，用这个方法他还得到，"抛物线上的弓形面积与其相应的三角形面积之比为4 : 3"，这个命题的发现应是毕达哥拉斯数的比例关系的一个佐证。

与欧几里得相比，阿基米德可以说是应用数学家，这方面有许多故事。古罗马的建筑学家维特鲁威有一部10卷本的《建筑学》，其主要理想是在神庙和公共建筑中保存古典的传统。这部书的第9卷记述了一则传诵千古的轶事：随着叙拉古国王的政治威望日益高涨，他为自己定做了一顶金皇冠。完工之后，却有人揭发说里面掺入了银子。国王邀请阿基米德来鉴定，一日他正苦闷着，在浴桶里泡澡，忽然觉得身体轻盈起来，原来是水溢出了盆面。阿基米德恍然大悟，发现固体的体积可放入水中得以测量，由此可以判断其比重和质地。

更有意义的是，经过反复实验和思考以后，阿基米德还发现了流体力学的基本原理（又称浮体定律）：物体在流体中减轻的重量，等于排去的流体的重量。又据希腊最后一位大几何学家帕波斯记载，阿基米德曾宣称："给我一个支点，我可以移动地球！"据说为了让人相信这点，他曾设计一组滑轮，使得国王亲手移动了一艘三桅大帆船。国王佩服得五体投地，当即宣布："从现在起，阿基米德说的话我们都要相信。"即便在今天，通过巴拿马运河或苏伊士运河的巨轮，依然靠有轨的滑轮车推动。

其实，阿基米德之所以发出那样的豪言壮语，是因为他发现并掌握了杠杆原理。不仅如此，他还用他的智慧和力学知识保卫故乡，最后为国捐躯。事情是这样的，叙拉古的近邻迦太基[1]由于商业和殖民利益上的冲突，在公元前3世纪和前2世纪与罗马人发生了三次战争，史称布匿战争，布匿（Punic）一词是由腓尼（Poeni）转化而来。这其中，第二次战争把与迦太基人结盟的叙拉古人也卷了进来。公元前214年，罗马军队包围了叙拉古。

相传叙拉古人先用阿基米德发明的起重机之类的器械把靠近岸边或城墙的船只抓起来，再狠狠地摔下去。又用强大的机械把巨石抛出去，形同暴雨，打得敌人仓皇逃窜。还有一种夸张的说法，阿基米德用巨大的火镜反射阳光焚烧敌船。不过，另一种说法似乎更加可信，即他们将燃烧的火球抛向敌船使之着火。最后，罗马人改用长期围困的策略，叙拉古终于因粮尽弹绝而陷落，正在沙盘上画图的阿基米德也被一名莽撞的罗马士兵用长矛刺死。阿基米德之死标志着希腊数学和灿烂文化走向衰败的开始，从此以后，罗马人开始了野蛮和愚昧的统治。

其他数学家

正当罗马人攻陷叙拉古之时，亚历山大学派的另一位代表人物阿波罗尼奥斯（Apollonius，约公元前262~前190）也快完成了一生的主要工作。他出生在小亚细亚南部的潘菲利亚（离罗得岛不远），早年

1　古代国名，由腓尼基人建立，以今北非突尼斯为中心，鼎盛时期领土东起西西里，西达摩洛哥和西班牙。

圆　　　　　椭圆　　　　　抛物线　　　　双曲线

圆锥曲线的几何意义

也在亚历山大大学学习数学，后来一度回到故乡，晚年又复返亚历山
大，并卒于该城。阿波罗尼奥斯最主要的贡献是写出了一部《圆锥曲线
论》，今天我们熟知的椭圆（ellipse）、双曲线（hyperbola）和抛物线[1]
（parabola）便首次出现在这部书里。

阿波罗尼奥斯对圆锥是这样定义的，给定一个圆和该圆所在平面外面
的一点，过该点和圆上的任意一点可连成一条直线（母线），让这根直
线移动即得到所要的圆锥。然后，用一个平面去截圆锥，如果这个截平
面不与底圆相交，所得的交线就是一个椭圆。如果相交但不与任何一条
母线平行，所得的交线就是一条双曲线。如果相交且与其中一条母线平
行，所得的交线就是一条抛物线。此外，他还研究了圆锥曲线的直径、
切线、中心、渐进线、焦点，等等。

阿波罗尼奥斯用纯几何的方法得到了将近两千年以后解析几何的一
些主要结果，令人赞叹。可以说，他的《圆锥曲线论》达到了希腊演绎
几何的最高成就，因此他和欧几里得、阿基米德被后人合称为亚历山大

---

[1]　这三个名词的中文译名是由清代数学家李善兰率先使用（1859），那一年达尔文的《物种
起源》正式出版。

前期的三大数学家，他们共同造就了希腊数学的"黄金时代"。在那以后，随着罗马帝国的扩张，雅典及其他许多城市的学术研究迅速枯萎了。可是，由于希腊文明的惯性影响，尤其是罗马人对稍远的亚历山大自由思想的宽松态度，仍产生了一批数学家和了不起的学术成果。

亚历山大后期的数学家在几何学方面贡献不大，最值得一提的是海伦公式（Helen，数学家海伦而非美女海伦），即设三角形边长依次为 a、b、c，$s=(a+b+c)/2$，面积为 Δ，则

$$\Delta = \sqrt{s(s-a)(s-b)(s-c)}$$

后来人们才知道，这个公式是由阿基米德首先发现的，但却没有收入他现存的著作里。相比之下，三角学的建立更值得称道，这方面的工作收在一部天文学著作《天文学大成》里，作者是一位与国王托勒密同名的数学家兼地理学家、天文学家，此书因为提出了"地心说"而在整个中世纪成为西方天文学的经典，作者本人也被认为是古希腊最伟大的天文学家。当然，他在世时托勒密王朝已经落幕。托勒密用60进制给出了 π 的值为3；8，30，即 $\frac{377}{120}$，或3.1416。在几何学中，所谓的"托勒密定理"是这样陈述的：

圆内接四边形中，两条对角线长的乘积等于两对边长乘积之和。

亚历山人后期希腊数学的一个重要特点是，突破了前期围绕几何学的传统，而使算术和代数成为独立的学科。希腊人所谓的"算术"（arithmetic）即今天的数论（number theory），这个词沿用至今，波兰的《数论学报》即取名 *Acta Arithmetic*。《几何原本》之后，数论领

域的代表著作当数丢番图（Diophantus，约246~330）的《算术》，其拉丁文译本是通过阿拉伯文转译的。书中以讨论不定方程的求解著称，此类方程又称丢番图方程，是指整系数的代数方程，一般只考虑整数解，未知数的个数通常多于方程的个数。

　　这本书中最有名的问题是第2卷的问题8，丢番图这样表述：将一个已知的平方数表示为两个平方数之和。17世纪的法国数学家费尔马在阅读此书的拉丁文译本时添加了一个注释，引出了后来举世瞩目的"费尔马大定理"。同样有趣的是丢番图的生平，一般认为他出生在公元250年前后。在6世纪元年前后收集的一本《希腊诗选》里，有一首恰好是丢番图的墓志铭，

坟墓里边安葬着丢番图，

多么让人惊讶，

他所经历的道路忠实地记录如下：

上帝给予的童年占六分之一，

又过了十二分之一，两颊长须，

再过七分之一，点燃起婚礼的蜡烛。

五年之后天赐贵子，

可怜迟到的宁馨儿，

享年仅及父亲的一半，便进入冰冷的墓。

悲伤只有用整数的研究去弥补，

又过了四年，他也走完了人生的旅途。

　　这相当于解方程

$$\frac{x}{6} + \frac{x}{12} + \frac{x}{7} + 5 + \frac{x}{2} + 4 = x$$

答案是 $x=84$。由此人们便知他活了84岁。

到了帕波斯（Pappus，约320年前后）生活的年代，中国数学家刘徽已在世。和丢番图一样，帕波斯也有一本传世著作《数学汇编》，此书被视为希腊数学的安魂曲。其中最突出的结论是：在周长相等的平面封闭图形中，圆的面积最大，这个问题已涉及极值问题，属于高等数学范畴。书中还给出了解决倍立方体问题的四种尝试，其中第一种尝试是由埃拉托色尼给出的。埃拉托色尼（Eratosthenes，约公元前276~约前194）出生在昔兰尼，后来亚历山大求学，他有着"柏拉图第二"的美誉，但无疑更多才多艺，他同时是一位诗人、哲学家、历史学家、天文学家和五项全能运动员。

数论中有所谓埃拉托色尼筛法，它提供了制造素数表的最初方法，即便到了20世纪，有关偶数哥德巴赫猜想的研究主要依赖于这种方法及其

埃拉托色尼描绘的世界地图（公元前220年）

变种。他还是第一个较为精确地计算出地球周长的人，而他在亚历山大的同事阿基米德所得结果却相去甚远。埃拉托色尼最有实用价值的工作是，他率先划分出地球的五个气候带，这种划分沿用至今；他还在分析比较了地中海（大西洋水系）和红海（印度洋水系）的潮涨潮落之后，断定它们是相通的。也就是说，可以从海上绕过非洲，这为15世纪末葡萄牙人达·伽马从水路到达印度提供了理论依据。

不过，埃拉托色尼绘制的一幅（据称是人类历史上第一幅）世界地图（阿拉伯湾即红海，厄立特尼亚海即印度洋）却表明，古希腊人所认识的世界仍是非常有限的。因此，他们在数学和艺术方面取得的成就（尽管已达到古典时期的高峰）仍是值得怀疑的，至少是不完整的，同时这就为19世纪前半叶现代主义（在数学领域表现为非欧几何学和非交换代数）的出现和茁壮成长埋下了一颗种子。

结语

从以上论述中我们不难发现，希腊数学有两个显著的特点，一是抽象化和演绎精神，二是它与哲学的关系非常密切。正如M.克莱因所言，埃及人和巴比伦人所积累的数学知识就像空中楼阁，或由沙子砌成的房屋，一触即溃，而希腊人建造的却是一座座坚不可摧的、永远的宫殿。另一方面，如同音乐爱好者将音乐视为结构、音程和旋律的组合一样，希腊人也将美看作是秩序、一致、完整和明晰。柏拉图声称："无论我们希腊人接受什么东西，我们都要将其改善并使之完美无缺。"

柏拉图喜爱几何学，亚里士多德则不愿把数学和美学分开，他认为秩序和对称是美的重要因素，这两者都不难在数学中找到。事实上，古希腊人认为球是一切形体中最美的，因而是神圣的，也是善良的。圆也与球一样为人们所喜爱，因而天上那些代表万劫不变的永恒秩序的行星均以圆为它们的运动轨迹，而在不完善的大地之上，则以直线运动居多。正因为数学对希腊人有如此这般美学的吸引力，才使他们坚持探索那些超出理解自然所需要的数学定理和法则。

不仅如此，希腊人还是天生的哲学家，他们热爱理性，爱好体育和精神活动，这就使得他们与其他民族有了重要的区别。从公元前6世纪米利都的泰勒斯到公元前337年柏拉图去世，是数学和哲学的第一个蜜月，数学家和哲学家甚至同为一个人。说起希腊哲学，它的一个显著特点是把整个宇宙作为研究对象，也就是说，哲学是包罗万象的。这与那时候数学的发展处于初级阶段不无关系，数学家们只能讨论简单的几何学和算术，对运动和变化无能为力（因此才有了芝诺的悖论），他们只好以哲学家的身份另外担当起解释者的重任。

可是，随着希腊诸城邦被马其顿控制（公元前338年），希腊数学中心从雅典转移到了地中海南面的亚历山大城，数学和哲学的蜜月就结束了。尽管如此，这一曾经有过的奇妙结合还是催生了一部堪称古代世界逻辑演绎最高结晶的著作——欧几里得的《几何原本》。这部书的意义不仅在于贡献了一系列美妙的定理，更有价值的是孕育、演绎出一种理性的精神。可以说，后世一代又一代欧洲人正是从这部著作里学会了如何进行无懈可击的推理。谁又能否认，西方社会由来已久的民主和司法制度也与之有关呢？

由于希腊当时有许多原住民和被文明吸引过来的外来奴隶，他们负责耕种土地、收获庄稼，从事城邦里各项具体的劳动和杂务，使得许多人有闲从事唯理主义的思考和探讨。但终归这样的生活在物质并非十分富足的情况下不会持久，讲究实效的罗马最后取代了精神至上的希腊，正如很久以后，热衷于物质进步的美国取代了理想主义的欧洲一样。415年，人类第一个有记载的女数学家希帕蒂娅（Hypatia，约370~415）在她的故乡亚历山大被一群暴徒残杀，宣告了希腊文明难以避免的最后的衰败的结局。

希帕蒂娅的父亲是最权威的《几何原本》版本的注释者，她本人也是丢番图的《算术》和阿波罗尼奥斯的《圆锥曲线论》的注释者，同时又是亚历山大新柏拉图主义哲学的领袖，据说以其美貌、善良和非凡的才智吸引了大批崇拜者。可惜的是，希帕蒂娅的所有注释本均已遗失，我们甚至不知道她写过哪些哲学著作，仅存的只有学生写给她的信件，信中向她讨教如何制造星盘和水钟的问题。

在希腊文明全身隐退之后，无论是在罗马统治时期，还是在漫长的中世纪（后面两章我们将会看到，这为几个东方古国再度登上世界历史的舞台提供了契机），数学与哲学都渐行渐远。直到16世纪，"意大利人文主义思想强调了毕达哥拉斯和柏拉图的数学传统，世界的数字结构再次受到重视，从而取代了曾使之黯然失色的亚里士多德的传统"（罗素语）。而到了17世纪，随着微积分学的诞生，哲学和数学再次得以靠拢，不过那时哲学的主要研究目标已缩小成为"人怎样认识世界"了。

第三章 中世纪的中国

两层楼房

在我看来，两层楼房

酷似二元一次方程组

如果说花朵是草坪的界限

那草坪就是百叶窗的影子

亮光每每从一个点开始

正如乌云总是大片压境

两层楼房，在我看来

是这个星球上最美的建筑

2007～2020年，日内瓦湖—西湖

引子

先秦时代

正当埃及和巴比伦的文明在亚、非、欧三大洲的接壤处发展的时候，另一个完全不同的文明在遥远的东方，也沿着黄河和长江流域发展并散播开来，这就是中华文明。学者们通常认为，在今天新疆的塔里木盆地和幼发拉底河之间，由于一系列高山、沙漠和蛮横的游牧部落的阻隔，远古时代任何迁徙的可能性都不存在。在公元前2700年到前2300年间，出现了传说中的五帝，之后，相继出现了一系列的王朝[1]。尽管刻录汉字的竹板不如泥版书和纸草书耐久，但"由于中国人勤于记录，仍有相当多的资料流传下来"（英国科学史家李约瑟语）。

与巴比伦和埃及一样，远古时代的中国就有数和形的萌芽。虽说殷商甲骨文的破译仍未完成，但已发现有完整的10进制。最迟在春秋战国时代，已出现严格的筹算记数，这种记数法分为纵横两种形式，分别用来表示奇数位数和偶数位数，逢零则虚位以待。关于形，司马迁在《史记·夏本纪》（公元前1世纪）里记载："（夏禹治水）左规矩，右准绳。""规"和"矩"分别是圆规和直角尺，"准绳"则用来确定垂线的器械，或许这算得上是几何学的早期应用。

1　2007年冬天公布的良渚文化城址，预示着夏朝或许不是中华文明的第一个朝代。

纵式：

横式：

| 1 | 2 | 3 | 4 | 5 | 6 | 7 | 8 | 9 |

筹算的两种记数：纵式和横式

　　更为难得的是，与热衷于对哲学和数学理论探讨的希腊雅典学派一样，处于同一个时期的中国战国（公元前475~前221）也有诸子百家，那是盛产哲学家的年代。其中，"墨家"的代表作《墨经》讨论了形式逻辑的某些法则，并在此基础上提出一系列数学概念的抽象定义，甚至涉及"无穷"。而以善辩著称的名家，对无穷概念则有着更进一步的认识，道家的经典著作《庄子》记载了名家的代表人物惠施（约公元前370~前310）的命题："至大无外，谓之大一。至小无内，谓之小一。"此处"大一"是指无限宇宙，"小一"相当于赫拉克利特的原子。

　　惠施是哲学家，宋国（今河南）人，当时的声望仅次于孔子和墨子。他曾任魏相15年，主张联合齐楚抗秦，政绩卓著。惠施与以写作《梦蝶》、《逍遥游》闻名的同代哲学家庄周既是朋友，又是论敌，两人关于鱼乐之辩是很著名的辩论。他死后，庄周叹息再无可言之人。惠施涉及数学概念的精彩言论尚有：

　　　　矩不方，规不可以为圆；

　　　　飞鸟之影未尝动也；

　　　　镞矢之疾，而有不行、不止之时；

　　　　一尺之棰，日取其半，万世不竭；

　　等等，可以看出，这与早他一个世纪的希腊人芝诺所发明的悖论有异曲同工之妙。惠施的后继者公孙龙（公元前325~前250）以"白马非马"之说闻名，虽然在逻辑学上分开了"一般"和"个别"，却未免有诡辩之嫌。

可惜的是，名、墨两家在先秦诸子中属于例外，其他包括更有社会影响力的儒、道、法等各家的著作则很少关心与数学有关的论题，只注重治国经世、社会伦理和修心养身之道，这与古希腊学派的唯理主义有很大的差异。始皇帝统一中国以后，结束了百家争鸣的局面，还焚烧了各国史书和民间典藏。到汉武帝时（公元前140年）则独尊儒术，名、墨著作中的数学论证思想，均失去进一步发展的机会。不过，由于社会稳定，加上对外开放，经济出现了空前的繁荣，带动数学在实用和算法方向发展，也取得了较大的成就。

《周髀算经》

公元前47年，亚历山大图书馆在尤利西斯·恺撒统率的罗马军队攻城时被部分烧毁，恺撒的军事行动是为了帮助他的情人克娄巴特拉夺取政权。后者是托勒密十二世的次女，先后与她的两个弟弟托勒密十三世和十四世，以及她和恺撒生的儿子——托勒密十五世共同执政。那时候的中国属于西汉后期，正处于第一个数学高峰的上升阶段。一般认为，中国最重要的古典数学名著《九章算术》就是在那个年代（公元前1世纪）成书的，而最古老的数学著作《周髀算经》的成书应该在此以前。

值得一提的是，对中国古代科学技术史很有研究的李约瑟虽然认同《九章算术》代表了比《周髀算经》更为先进的数学水准，但却认为，我们对后者所能给出的确切的成书年代比起前者来还要晚两个世纪。显而易见，这是数学史家和考古学家的一大遗憾。李约瑟在其巨著《中国科学技术史》里叹息道："这是一个比较复杂的问题……书中有部分结果是如此古老，不由得相信它们的年代可以追溯到战国时期。"

《周髀算经》不仅成书的年代无法考证，连作者也不详，这与《几何原本》的命运有别。这部著作中最让人感兴趣的数学结果有两个。其一当然是勾股定理，即关于直角三角形的毕达哥拉斯定理，该定理的得出至少是在毕氏（公元前6世纪）以前，但是没有欧几里得在《几何原本》之第1卷命题47中所提供的证明。有意思的是，该定理是以记载西周初年（公元前11世纪）政治家周公与大夫商高讨论勾股测量的对话形式出现的。可以说，这两位也是中国历史上最早留名的与数学有关的人物。

周公是文王之子，武王之弟。武王卒后，他又摄政，亲自平定了叛乱，七年之后还政于成年的成王。周公主张以礼治国，他制定了中国古代的礼法制度，使得周朝延续了八百多年，孔子将其视为理想的楷模。商高在答周公问时提到"勾广三，股修四，径隅五"，这是勾股定理的特例，因此它又被称为商高定理。书中还记载了周公后人荣方和陈子（公元前六、七世纪）的一段对话，包含了勾股定理的一般形式：

> 以日下为勾，日高为股，勾股各自乘，并而开方除之，得邪至日。

不难看出，这是从天文测量中总结出来的规律。在中国古文里，勾和股分别指直角三角形中较短和较长的直角边，而髀的意思是大腿或大腿骨，也是测量日高的两处立表。《周髀算经》中另一个重要的数学结论即所谓的日高公式，它在早期天文学和历法编制中被广泛使用。

此外，书中还有分数的应用、乘法的讨论以及寻找公分母的方法，表明平方根已经被应用了。值得一提的是，该书的对话中还提到了治水的大禹、伏羲

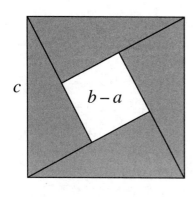

赵爽用此图证明勾股定理

和女娲手中的规和矩，这表明当时已有测量术和应用数学了。此外，书中还有几何学产生于计量的零星观点。李约瑟认为，这似乎表明中国人从远古时代起就具有算术和商业头脑，他们对那种与具体数字无关的、单从某种假设出发得以证明的定理和命题所组成的抽象的几何学不太感兴趣。

值得欣慰的是，3世纪，三国时代的东吴数学家赵爽用非常优美的方法独立证明了勾股定理。他是在注释《周髀算经》时运用面积的出入相补法给出证明的。如图所示，设直角三角形的两条直角边长分别为 a 和 b，$b > a$，则以它的斜边 c 为边长的正方形可以分成五块，即一个边长为 $b-a$ 的正方形和四个给定的直角三角形，计算化简可得 $a^2 + b^2 = c^2$。这个证明与800年前毕达哥拉斯的证明可谓异曲同工，只不过毕氏的证明是后人推测的，赵爽的证明却有案可查，且图形更为美丽。

《九章算术》

与《周髀算经》不同的是，《九章算术》虽然作者和成书年份也不详，但是基本可以确定，此书是从西周时期贵族子弟必修的六门课程（六艺）之一的"九数"发展而来，并经过西汉时期的两位数学家删

清嘉庆年间刻印的《九章算术》

补。为首的张苍也是著名的政治家，曾为汉文帝的丞相，在位期间亲自制定了律法和度量衡。一般认为，《九章算术》是从先秦至西汉中叶期间经过众多学者编撰、修改而成的一部数学著作。

《九章算术》采用了问题集的形式，246个问题分成九章，依次为：方田、粟米、衰分、少广、商功、均输、盈不足、方程、勾股。可以看出，这部书的重点是计算和应用数学，仅有的涉及几何的部分也主要是面积和体积的计算，其中的三章粟米、衰分、均输集中讨论了数字的比例问题，这与希腊人用几何线段建立起来的比例论形成了鲜明的对照。"衰分"就是按一定的级差分配，"均输"则是为了解决粮食运输负担的平均分配。

书中最有学术价值的算术问题应该是所谓的"盈不足术"，即为求方程 $f(x)=0$ 的根。先假设一个答数为 x_1，$f(x_1)=y_1$，再假设另一个答数为 x_2，

$f(x_2) = -y_2$，求出

$$x = \frac{x_1y_2 + x_2y_1}{y_1 + y_2} = \frac{x_2 f(x_1) - x_1 f(x_2)}{f(x_1) - f(x_2)}$$

如果 $f(x)$ 是一次函数，则这个解答是精确的；而对于非线性函数，这个解答只是一个近似值。在今天看来，盈不足术相当于一种线性插值法。

在13世纪意大利数学家斐波那契所著《算经》中有一章专讲"契丹算法"，指的就是"盈不足术"，因为欧洲人和阿拉伯人古时候称中国为契丹。可以想见，"盈不足术"是借着丝绸之路，经过中亚流传到阿拉伯国家，再通过他们的著作传至西方的。值得一提的是，1983年在湖北张家山出土的一座汉初古墓里有一部竹简《算数书》，它已经谈到"盈不足术"了，这本书的成书年代被认为比《九章算术》早两个世纪。

在代数领域，《九章算术》的记载就更有意义了。"方程"一章里，已经有了线性联立方程组的解法，例如

$$\begin{cases} x+2y+3z = 26 \\ 2x+3y+z = 34 \\ 3x+2y+z = 39 \end{cases}$$

《九章算术》没有表示未知数的符号，而是把未知数的系数和常数垂直排列成一个矩阵（方程）图表，即

1	2	3
2	3	2
3	1	1
26	34	39

再通过相当于消元法的"遍乘直除"法，把此"方程"前三行转化成只

有反对角线上有非零元, 即

$$\begin{array}{ccc} 0 & 0 & 4 \\ 0 & 4 & 0 \\ 4 & 0 & 0 \\ 11 & 17 & 37 \end{array}$$

从而求得解答。消元法在西方被称为"高斯消元法", 而"方程术" 则被称为是中国数学史上的一颗明珠。

除了"方程术"以外,《九章算术》中提到的另外两个贡献也非常值得称道。一是正负术, 即正负数的加减运算法则; 二是开方术, 甚至有"若开之不尽者, 为不可开"的语录。前者说明中国人很早就使用了负数, 相比之下, 印度人在7世纪才开始, 而西方对负数的认识则更晚; 后者表明中国人已经知道无理数的存在, 可是由于是在"方程术"中遇到的, 因此并没有认真对待。重视演绎思维的希腊人就不一样了, 他们一般不轻易放过一个值得追究的机会。

在《九章算术》对几何问题的处理上, 可以看出我们祖先的不足, 例如"方田"里的圆面积计算公式表明, 对圆周率的估算是3, 这与巴比伦人的结果相当。而球体积的计算公式只有阿基米德所获得的精确值的一半, 再考虑到圆周率取3, 误差就更大了。不过, 书中所列直线形的几何图形面积或体积的计算公式, 基本上是正确的。《九章算术》的一个特色是, 把几何问题算术化或代数化, 正如《几何原本》把代数问题几何化。遗憾的是, 书中几何问题的算法一律没有推导过程, 因此只是一种实用几何。

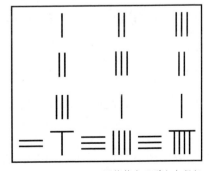

用筹算表示联立方程组

从割圆术到孙子定理

刘徽的割圆术

391年，在亚历山大城，由于基督教会内部的矛盾，以及该城教会与罗马教廷之间的冲突，一群基督教徒疯狂地烧毁了克娄巴特拉女王早先下令从大图书馆里抢救出来的那些宝藏，托勒密王朝膜拜的另一处藏有大量希腊手稿的西拉比斯神庙也未逃厄运。那一年，中国的东汉（发明造纸术的蔡伦和大科学家张衡[1] 在世）已经分裂，隋朝尚未建立，正处于历史动荡的魏晋南北朝时期。在长期独尊儒学之后，学术界的思辨之风再起，于是有了我们今日仍津津乐道的"魏晋风度"和"竹林七贤"。

所谓"魏晋风度"乃魏晋之际名士风度之谓也，亦称魏晋风流。名士们崇尚自然、超然物外，率真任性而风流自赏。他们言词高妙，不务世事，喜好饮酒，以隐逸为乐。尊《周易》、《老子》和《庄子》为"三玄"，以至于清谈或玄谈成为崇尚虚无空谈名理的一种风气。魏末晋初，以诗人阮籍、嵇康为首的"竹林七贤"便是其中的突出代表。作为士大夫意识形态的一种人格表现，"魏晋风度"成为风靡一时的审美理想。

在这样的社会和人文环境下，中国的数学研究也兴起了论证的热潮，

1　张衡（78~139），以制造出世界上第一台测地震的仪器地动仪闻名，曾采用730/232（≈3.1466）为圆周率（如属实，当在刘徽之前），可惜其数学著作已经失传；此外，他还是著名的文学家和画家。

圆周率的计算

魏晋时期数学家刘徽

多部学术著作以注释《周髀算经》或《九章算术》的形式出现，实质上是要给出这两部著作中一些重要结论的证明。上一节我们提到的赵爽（三国东吴人）便是其中的先驱人物，成就更大的是刘徽，他和赵爽的生卒年均无法考证，我们只知道他也生活在3世纪，并于263年（魏国和吴国均未灭亡）撰写了《九章算术注》。难以断定两人哪个在先，他们被公认为是取得重要成就的中国数学家中最早留名的。

刘徽用几何图形分割后重新拼合（出入相补法）等方法验证了《九章算术》中各种图形计算公式的正确性，这与赵爽证明勾股定理一样，开创了中国古代史上对数学命题进行逻辑证明的范例。刘徽也注意到了这种方法的缺陷，即与平面的情形不同，并不是任意两个体积相等的立体图形都可以剖分或拼补。为了绕过这一障碍，刘徽借助了无限小的方法，如同阿基米德所做的那样。事实上，他采用了极限和不可分量两种无限小方法，指出《九章算术》中的球体积计算公式是错误的。

确切地说，刘徽是在一个立方体内作两个垂直的内切圆柱，所交部分刚好把立方体的内切球包含在内且与之相切，他称之为"牟合方盖"。

刘徽发现，球体积与牟合方盖体积之比应该为 $\frac{\pi}{4}$，这里他实际上接近了积分学中以意大利数学家命名的"卡瓦列利原理"。可惜的是，他没有总结出一般的形式，以至于无法计算出"牟合方盖"体积，也就难以获得球体积公式。不过，他所用的方法为两个世纪以后祖冲之父子最终的成功铺平了道路。

除了对《九章算术》逐一注释以外，此书的第十章是刘徽自己的一篇论文，后来又单独刊行，称为《海岛算经》。书中发展了古代天文学中的"重差术"，成为测量学的典籍。当然，刘徽最有价值的工作是"注方田"（该书的第一章）中所引进的割圆术，用以计算圆的周长、面积和圆周率，其要旨是用圆内接正多边形去逼近圆。刘徽写道：

> 割之弥细，所失弥少，割之又割，以至于不可割，则与圆合体而无所失矣。

刘徽注意到了，两次利用勾股定理，正 $2n$ 边形的边长 l_{2n} 可由正 n 边形的边长 l_n 导出。如上页左图所示，设圆的半径为 r，则

$$l_{2n} = AD = \sqrt{AC^2 + CD^2}$$
$$= \sqrt{(\tfrac{1}{2}l_n)^2 + (r - \sqrt{r^2 - (\tfrac{1}{2}l_n)^2})^2}$$

取 $r=1$，从正六边形出发，到第5次时，就得到正192（6×2^5）边形的边长，由此得到的圆周率

$$\pi \approx \frac{157}{50} = 3.14$$

刘徽《九章算术》中圆周率的算法

称为徽率。这与阿基米德于公元前240年所得到的结果和方法基本上是一致的，只不过后者利用了圆的外切和内接正多边形，因此只算了96（ 6×2^4 ）边就得到同样的值。在注文中（尚未证实是否刘徽所为，但应算到正3027（ 6×2^9 ）边形的边长）得出了

$$\pi \approx \frac{3927}{1250} = 3.1416$$

鉴于刘徽在数学领域所取得的卓越成就，1109年，宋徽宗封其为淄乡男。由于同时被封的其他人均是以其故乡命名，由此可以推断，刘徽是山东人，因为含淄字的县级地名只有淄博和临淄，而按照《汉书》的记载，淄乡只有邻近淄博的邹平县有。作为儒学发祥地的齐鲁之邦，经两汉到魏晋，学术空气十分浓厚，这使得刘徽受到良好的文化熏陶，并置身于辩难之风。从刘徽的文字里也可以看出他谙熟诸子百家言论，深得思想解放之先风，因而得以开创上述算术之演绎。

祖氏父子

在刘徽注释《九章算术》的第三年，中国（继秦朝以后）获得了第二次统一，魏国的一个将军司马炎建立了晋朝（西晋）。经济的发展和日益增加的跨地域交往刺激了地理学的发展，并产生了地图学家裴秀，他提出了比例尺、方位、距离等六条基本原则，奠定了中国制图学的理论基础。一些新的风俗习惯随之出现了，如喝茶，还发明了若干新的节约劳动力的工具，如独轮车和水磨。283年，道家中的博物学家兼炼丹术士葛洪也出世了。

可是，北方的经济区仍面临着多个外来民族入侵的危险，317年，晋室被迫迁到长江以南，建都建康（南京），史称东晋，一共延续了103年。（北方则被分割成了16个小国。）此后南方的晋朝灭亡，相继被四个军人篡权并改国号，即宋（刘宋）、齐、梁、陈，史称南朝，历时约170年，依然设都建康。就在刘宋十年，即429年，祖冲之出生在首都建康的一个历法世家。虽然他后来只在徐州做过几次小官，却是中国数学史上第一个名列正史的数学家。

在《隋书》里，记载了祖冲之计算出了圆周率数值的上下限，

$$3.1415926 < \pi < 3.1415927$$

精确到小数点后第7位。这是他最重要的数学贡献，直到1424年这个纪录才被波斯数学家卡西打破，后者算到了小数点后17位。遗憾的是，没有人知道祖冲之的计算方法。一般认为，他沿用了刘徽的割圆术。祖冲之必定是个很有毅力的人，因为如果按照割圆术的方法，需要连续算到正24576边形，才能得到上述数据。

同一部史书里还记载了祖冲之计算圆周率的另一项重要成果，即约率

$\frac{22}{7}$，密率 $\frac{355}{113}$。约率与阿基米德的结果一致，即精确到小数点后两位，后一项精确到小数点后6位。在现代数论中，如果将 π 表示成连分数，则其渐进分数为

$$\frac{3}{1}, \frac{22}{7}, \frac{333}{106}, \frac{355}{113}, \frac{103993}{33102}, \frac{104348}{33215}, \cdots$$

第一项与巴比伦人和《九章算术》里的结果相同，可称作古率，第二项是约率，第四项是密率，这是分子和分母都不超过1000的分数里最接近 π 真值的。

1913年，日本数学史家三上义夫在其有重大影响的著作《中国和日本的数学之发展》里，主张把 $\frac{355}{113}$ 这一圆周率数值称为"祖率"。在欧洲，直到1573年，这个分数才由德国数学家奥托重新得到。遗憾的是，时至今日，我们仍然无法知晓祖冲之当初是如何计算出这个分数来的，尚没有任何证据可以说明，中国古代已有连分数的概念或应用，而割圆术是无法直接得到祖率的。因此有史家猜测，他是用同样发明于南北朝的"调日法"测得的。

所谓"调日法"的基本思想如下：假如 $\frac{a}{b}$, $\frac{c}{d}$ 分别为不足和过剩近似分数，那么适当选取 m、n，新得出的分数 $\frac{ma+nc}{mb+nd}$ 有可能更接近真值。这个方法是由刘宋政治家何承天首先提出来的，他同时还是著名的天文学家和文学家。如果在 $\frac{157}{50}$（徽率）和 $\frac{22}{7}$（约率）之间选择 $m=1$，$n=9$，或在 $\frac{3}{1}$（古率）和 $\frac{22}{7}$ 之间选择 $m=1$，$n=16$，均可获得 $\frac{355}{113}$（密率）。我们可以推测，祖冲之用"调日法"求得密率后，再用割圆术加以验证，正如

牟合方盖的八分之一

南北朝时期的数学家祖冲之

阿基米德同时运用平衡法和穷竭法。

　　和刘徽一样，祖冲之的另一项成就也是球体积的计算。此项结果在他本人撰写的一篇政论文章《驳议》（收入《宋书》）里提及，并极有可能写进他的代表性著作《缀术》，可惜后者失传了。有趣的是，唐代数学家李淳风却在为《九章算术》所写的一篇注文中称为之"祖暅之开立方术"，祖暅之即祖暅，祖冲之的儿子，在数学上也有许多创造。因此，现代的数学史家一般把球体积计算公式归功为他们祖氏父子共同获得的结果。

　　按照李淳风的描述，祖氏是这样计算"牟合方盖"体积的，先取以圆半径 r 为边长的一个立方体，以一顶点为心，r 为半径分纵横两次各截立方体为圆柱体。如此，立方体就被分成四部分：两个圆柱体的共同部分（内棋，即牟合方盖的 $\frac{1}{8}$）和其余的三个部分（外三棋）。祖氏先算出"外三棋"的体积，这是问题的关键，他们发现，这三个部分在任何一个高度的截面积之和与一个内切的倒方锥相等。而这个倒方锥的体积是立方体的$\frac{1}{3}$，因此内棋的体积便是立方体的$\frac{2}{3}$，故而牟合方盖的体积为$\frac{16}{3}r^3$。

最后，利用刘徽关于球体积与牟合方盖体积之比为$\frac{\pi}{4}$的结果，就得到阿基米德的球体积计算公式，

$$V=\frac{4}{3}\pi r^3$$

正如中国当代数学史家李文林所指出的："刘徽和祖冲之父子的工作，思想是很深刻的，它们反映了魏晋南北朝时代中国古典数学研究中出现的论证倾向，以及这种倾向所达到的高度。然而令人迷惑的是，这种倾向随着这一时代的结束，可以说是戛然而止。"祖冲之的《缀术》在隋唐曾与《九章算术》同列为官方的教科书，国子监的算学馆也规定其为必读书之一，且修业的时间长达四年，并曾流传到朝鲜和日本，可惜在10世纪以后完全失传了。

孙子定理

639年，阿拉伯人大举入侵埃及，此时罗马人早已退出，埃及在行政上受拜占庭控制，拜占庭军队与阿拉伯人交战三年之后被迫撤离，亚历山大学术宝库里仅存的那些残本也被入侵者付之一炬，希腊文明至此落下了帷幕。此后，才有了开罗，埃及人改说阿拉伯语并信奉了伊斯兰教。那会儿，在中国正逢大唐盛世，太宗李世民在位。唐朝是中国封建社会最繁荣的时代，疆域的领土也不断扩大，首都长安（西安）成为各国商人和名士的聚集地，中国与西域等地的交往十分频繁。

佛教典籍《金刚经》

唐代长安城平面图，正方形里套着长方形

虽说在数学上，唐代并没有产生与其前的魏晋南北朝或其后的宋元相媲美的大师，却在数学教育制度的确立和数学典籍的整理方面有所建树。唐代不仅沿袭了北朝和隋代开启的"算学"制度，设立了"算术博士"[1]的官衔，还在科举考试中设置了数学科目，通过者授予官衔，不过级别最低，且到晚唐就废止了。事实上，唐代文化氛围的主流是人文主义的，不太重视科学技术，这与意大利的文艺复兴颇为相似。长达近三百年的唐代在数学方面最有意义的事情莫过于《算经十书》的整理和出版，这是高宗李治下令编撰的。值得一提的是，世界上现存最古老的纸质图书——汉语版的印度佛教典籍《金刚经》——也是在唐代（866）印制的。1900年，此书被匈牙利出生的英国考古学家斯坦因（1862~1943）在敦煌购得，现藏伦敦大英博物馆。

奉诏负责这十部算经编撰的正是前文提到的李淳风（602~670），除了精通数学以外，他更以天文学上的成就和奇书《推背图》闻名。 在

堪称世界上最早的气象学专著《乙巳占》里，他把风力分为8级（加上无风和微风则为10级），直到1805年，一位英国学者才把风力划分为从0到12级。除了《周髀算经》、《九章算术》、《海岛算经》和《缀术》以外，《算经十书》中至少还有三部值得一提，分别是《孙子算经》、《张邱建算经》和《缉古算经》。这三部书的共同特点是，每一部都提出一个非常有价值的问题，并以此传世。

《孙子算经》的作者不详，一般认为是4世纪的作品，作者可能是一位姓孙的数学家。该书最为人所知的是一个"物不知数"问题：

　　今有物不知其数，三三数之剩二，五五数之剩三，七七数之剩二，问物几何？

这相当于求解下列同余方程组

$$\begin{cases} n \equiv 2(\mathrm{mod}\,3) \\ n \equiv 3(\mathrm{mod}\,5) \\ n \equiv 2(\mathrm{mod}\,7) \end{cases}$$

宋版《张邱建算经》　　　　《缉古算经》清代微波谢本

法国有梅森，中国有一行。作者摄于西安

《孙子算经》给出的答案是23，这是符合上述同余方程组的最小正整数。不仅如此，书中还指示了关于上述三个模求解的方法，其中的余数2、3和2可以换成任意数。这是一次同余式组解法（孙子定理）的特殊形式，8世纪唐代僧人一行曾用此法制订历法，但其更一般的方法要到宋代才由数学家秦九韶给出。

《张邱建算经》成书于5世纪，作者是北魏人，书中最后一道题堪称亮点，通常也被称为"百鸡问题"，民间则流传着县令考问神童的佳话，书中原文如下：

今有鸡翁一，直钱五；鸡母一，直钱三；鸡雏三，值钱一。凡百钱买鸡百只，问鸡翁、母、雏各几何？

设鸡翁、鸡母和鸡雏的数量分别是x、y、z，此题相当于解下列不定方程组的正整数解

$$\begin{cases} x + y + z = 100 \\ 5x + 3y + \dfrac{z}{3} = 100 \end{cases}$$

张邱建给出了全部三组解答，即（4，18，78），（8，11，81），（12，4，84）。这两个三元一次方程可以化为一个二元一次方程，而让另

一个元成为参数。今天我们知道，多元一次方程均可以给出一般解。类似的问题在国外直到很久以后，才由13世纪的意大利人斐波那契和15世纪的波斯人卡西提出。遗憾的是，张邱建没有乘胜追击对这个问题进行总结，他也不如孙子幸运，后者有秦九韶完成后续研究。

《缉古算经》是十部算经中成书最晚（7世纪）的，作者王孝通是初唐人，曾为算学博士（可能是最有成就的唐代算学博士了）。这部书也是一系列实用问题集，但对当时的人来说难度很大，主要涉及天文历法、土木工程、仓房和地窖大小以及勾股问题等，大多数需要用双二次方程或高次方程来解决。尤其值得一提的是，书中给出了28个形如

$$x^3 + px^2 + qx = c$$

的正系数方程，并用注来说明各项系数的来历。作者给出了正有理数根，但没有具体的解法。在世界数学史上，这是关于三次方程数值解及其应用的最古老的文献。

宋元六大家

沈括和贾宪

虽说唐朝的经济和文化繁荣，可是9世纪末以后，不少世袭统治者的半自治政府兴起于边地，官僚的中央政府无力约束。加上税赋加重，黄巢农民起义后，参与镇压的节度使势力大增。到907年，中国再次转化为分裂状态，五代开始了。短短的半个世纪时间里，更换了五个朝代，即后梁、后唐、后晋、后汉和后周，首都改设开封或洛阳。战乱的后果造成了经典著作的失传，祖冲之的《缀术》就在其列。而在南方，也有过十个小国，包括以金陵（南京）为都的南唐，它的最后一个皇帝李煜因国破被虏而成为一代词人。

然而，天下"分久必合，合久必分"（罗贯中《三国演义》）。960年，军人出身的赵匡胤在河南被部下拥上皇位，建立了宋朝。不流血的政变之后，他又"杯酒释兵权"，让一部分武将退役还乡。重新统一后的中国发生了有利于文化和科学事业的变化，散文化的诗歌——宋词——在唐代以后又达到一个文学颠峰，商业的繁荣、手工业的兴旺以及由此引发的技术进步（四大发明中的三项——指南针、火药和印刷术——是在宋代完成并获得广泛的应用）则为数学的发展注入新的活力。尤其是活字印刷的发明，为传播和保存数学提供了极大的方便，刘徽的《海岛算经》成为（现存）最早付印的数学论著。

虽说李约瑟在《中国科学技术史》里对"孙子定理"的结论一笔带过，并未提高到"定理"的高度，但他却指出，宋代（南宋）出现了一批中国古代史

沈括之墓。作者摄于杭州

《梦溪笔谈》的作者沈括

上最伟大的数学家。那是在13世纪前后，正好是欧洲中世纪即将结束的年代，他们是被称为"宋元四大家"的杨辉、秦九韶、李冶、朱世杰。不过，在谈论这四个人之前，我们还需要提到两个北宋人——沈括和贾宪，其中杭州（余杭）出生的沈括于1086年完成了一部《梦溪笔谈》，也算中国古代科学史上的一朵奇葩。值得一提的是，沈括晚年定居江苏镇江，之所以给宅第起名梦溪，恐怕与他故乡门前有东苕溪流经有关。

　　沈括（1031~1095）系进士出身，曾参与文学家王安石（1021~1086）发起的变革，与诗人苏轼（1037~1101）也有交往，后出使辽国，回来后任翰林学士，政绩卓著。他每次旅行途中，无论公务多么繁忙，都不忘记录下科学技术上有意义的事情，堪称中国古代最伟大的博物学家。《梦溪笔谈》几乎囊括了所有已知的自然科学和社会科学。例如，发现了夏至日长、冬至日短，在历法上他大胆提出十二节气，大月31日，小月30日；在物理学上，他做过凹面镜成像和声音共振实验；在地理学和地质学上，则以流水侵袭作用解释奇异地貌成因，从化石推测水陆变迁，等等。

现在我们来谈谈沈括书里有关数学方面的记载。在几何学方面，为了测量的需要，必须要确定圆弧的长度，为此他发明了一种局部以直代曲的方法，后来成为球面三角学的基础。在代数学方面，为了求出垒成棱台形状的酒桶的数目（这里酒桶每层纵横均有变化），他给出的是求取连续相邻整数平方和的公式，这是中国数学史上第一个求高阶等差级数之和的例子。沈括还认为数学的本质在于简洁，并指出"大凡物有定形，形有真数"，这与毕达哥拉斯的数学思想颇为接近。

相比之下，我们对与沈括同时代的贾宪（约 1010 ~ 约 1070）所知甚少，只知道他写过一部叫《黄帝九章算术细草》的著作，可惜已经遗失。幸运的是，这部著作里的主要内容两百年后被南宋数学家杨辉摘录进他的《祥解九章算法》（1261）。此书记载了贾宪的高次开方法，这个方法以一张本源图为基础，它实际上是一张二项式系数表，即 $(x+a)^n$（$0 \leq n \leq 6$）展开的各项系数：

$$
\begin{array}{ccccccccccccc}
 & & & & & & 1 & & & & & & \\
 & & & & & 1 & & 2 & & 1 & & & \\
 & & & & 1 & & 3 & & 3 & & 1 & & \\
 & & & 1 & & 4 & & 6 & & 4 & & 1 & \\
 & & 1 & & 5 & & 10 & & 10 & & 5 & & 1 \\
 & 1 & & 6 & & 15 & & 20 & & 15 & & 6 & & 1 \\
1 & & 7 & & 21 & & 35 & & 35 & & 21 & & 7 & & 1
\end{array}
$$

此后，这个三角形就被称为"贾宪三角"或"杨辉三角"，它比法国数学家帕斯卡尔（1623 ~ 1662）的发现早了六百多年。不仅如此，贾宪还把这个三角形用于开方根的计算，取得了意想不到的效果，被称为"增乘开方法"。

杨辉和秦九韶

早在五代时期，在东北和蒙古一带还有一个契丹族建立的辽国，它始于唐朝末年。宋朝建立之初，太宗还亲自率兵或派兵攻辽，不久却渐渐转而处于守势。最后，宋朝只好纳贡示好，开创了一个向番邦定期交付财物的先例，沈括曾出使辽国。当时，受辽国欺压的还有一个善于骑马的女真族，生活在黑龙江流域，它们强盛起来后建立了金国，并出兵灭了辽国。之后，又向南进攻北宋的都城卞京（开封），俘虏了徽宗和钦宗父子。后钦宗之弟高宗被拥为皇帝，迁都杭州（1127），改称临安，史称南宋。

虽然北方的威胁仍在，但南宋人的生活却过得有滋有味，在经济、文化上甚至更为繁荣。数学家杨辉和沈括同乡，也是临安（杭州）人，虽然他的生卒年不详，但我们知道他生活在13世纪，并曾在台州、苏州等地做地方官，业余时间研究数学。从1261年到1275年这15年间，杨辉独立完成了五种数学著作，包括前文提到的《祥解九章算法》。他的书写得深入浅出，走到哪里都有人请教，因此他也被认为是一位重要的数学教育家。

在前节提到的贾宪的增乘开方法之后，杨辉接着举了一个实例，说明它是如何被用来解四次方程的。这是一种高度机械化的方法，可以适用于开任意次方程，与现代西方通用的霍纳方法（1819）基本一致。此外，杨辉还利用垛积法导出了计算正四棱台的体积公式，由于捷算法的需要，他（在中国）率先提出了素数的概念，并找出了200到300之间的全部16个素数。当然，杨辉对素数的研究远远落后于

1433年朝鲜出版的《杨辉算法》

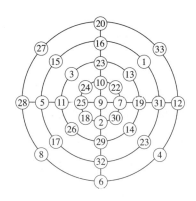

《洛书》里的幻方   杨辉的圆形幻方

欧几里得——无论是时间上还是完整性上。

　　不过，杨辉最有趣的数学贡献应该在幻方（magic squares）方面，古人称之为纵横图。谈及幻方，它最早源于中国，在《易经》这部我国最古老的典籍（至晚公元前11世纪）里就有一幅叫《洛书》的数字图表，传说是治水的大禹于公元前2200年左右在黄河岸边一只神龟背上所见，用阿拉伯数字表示就是

$$
\begin{array}{ccc}
4 & 9 & 2 \\
3 & 5 & 7 \\
8 & 1 & 6
\end{array}
$$

在这张表中，各行、各列或对角线上的三个元素相加均为常数。在13世纪以前，中国数学家并没有认真对待它，只把它看成一种数字游戏，甚至笼罩着一层神秘色彩。杨辉却孜孜不倦地探索幻方的性质，他以自己的研究成果证明，这种图形是有规律的。

　　杨辉利用等差级数的求和公式，巧妙地构造出了三阶和四阶的幻方。对四阶以上的幻方，他只给出了图形而未留下做法，但他所画的五阶、六阶乃至十阶的幻方全都准确无误，可见他已经掌握了构成规律，他并称十阶幻方为百子图，其各行各列之和为505。在欧洲，这方面的发现和研究要晚许多，第一个幻方出现在130年，也是一个三阶图，与《易经》的《洛书》不同；在德国版画家丢勒的名作《忧郁》（1514）中，也出现了一个四阶幻方，与杨辉举过的一个例子只是互换了行列。

《数书九章》插图

相比杨辉对数学研究的孜孜不倦，秦九韶（1202～1261）的学术生涯比较短暂。他出生在四川安岳，故乡长年处于兵荒马乱之中，后随家人移居京城（临安），几年以后又回到老家。成年后他再度出川东下，在湖北、安徽、江苏、福建等地为官。在南京任职期间，母亲去世，他离任返回湖州。正是在湖州守孝的三年时间里，他刻苦研究数学，写出了传世的著作《数书九章》，全面超越《九章算术》。

《数书九章》最重要的两项成果是"开方正负术"和"大衍总数术"。"开方正负术"或"秦九韶算法"给出了一般高次代数方程，即

$$a_0 x^n + a_1 x^{n-1} + \cdots + a_{n-1} x + a_n = 0$$

的解的算法，其系数可正可负。这类方程求解需要迭代运算，那样需反复求取该多项式的值，而每次求值需经 $\frac{n(n+1)}{2}$ 次乘法和几次加法。秦九韶将其转化为n个一次式的计算，只需n次乘法和n次加法。即便在计算机时代的今天，秦九韶算法仍有重要意义。

"大衍总数术"则明确地给出了孙子定理的严格表述，用现代数学语言来讲就是，设 m_1，m_2，$\cdots$，m_k 是两两互素的大于1的正整数，则对任意的整数 a_1，a_2，$\cdots$，a_k，下列一次同余式组

$$x \equiv a_i \ (\mathrm{mod}\ m_i),\ 1 \leqslant i \leqslant k$$

关于模 $m = m_1 m_2 \cdots m_k$ 有且仅有一解。秦九韶并给出了求解的过程，为此他需要讨论下列同余式

$$ax \equiv 1(\mathrm{mod}\ m)$$

这里 a 和 m 互素。他用到了初等数论里的辗转相除法（欧几里得算法），并称此为"大衍求一术"。这个方法是完全正确并十分严密的。

　　孙子定理堪称中国古代数学史上最完美和最值得骄傲的结果，它出现在中外每一本《初等数论》教科书中，西方人称之为中国剩余定理，可能是因为中国人贡献太少。而依作者看来，此定理应称其为孙子—秦九韶定理，或秦九韶定理。可是，由于古代中国没有素数这个概念，且当时的用途并非在理论上，而主要用于解决历法、工程、赋役和军旅等实际问题，秦九韶没有给出证明。实际上，他还允许模非两两互素，并给出了可靠的计算程序将其化为两两互素的情形。

　　在欧洲，18世纪的欧拉和19世纪的高斯分别对一次同余式组进行了细致的研究，重新获得与孙子定理一样的结论，并对模两两互素的情形给予严格的证明。在英国传教士、汉学家伟烈亚力所著的《中国数学科学札记》出版后，欧洲学术界才认识到中国人在这方面的开创性工作，之后秦九韶和"中国剩余定理"的名字也传开了。德国数学家康托尔称秦九韶为"最幸运的天才"，美国数学史家萨顿则赞其为"他那个民族，他那个时代最大的数学家之一"。

李冶和朱世杰

正如杨辉和秦九韶一直生活在南方，宋代的另外两位大数学家李冶和朱世杰则世居北方。李冶（1192~1279）出生在金国统治下的大兴（北京郊外），原名李治，后来发现与唐高宗同名，遂减去一点（如此又恰与唐代四大女诗人之一同名）。李冶的父亲是一位为人正直的地方官，同时又是博学多才的学者，他自小受其影响，认为学问比财富更可贵。李冶年轻时便对文史、数学均十分感兴趣，后来考中进士，被赞为"经为通儒，文为名家"。不久蒙古的窝阔台军队侵入，他没有赴陕西上任，改到河南任知事。

1232 年，蒙古人侵入中原，已经 40 岁的李冶换好平民服装，踏上漫长而艰苦的流亡之路。两年后金朝灭亡，可是他并没有逃往南宋，而是留在蒙古人统治下的北方（元朝），一来南宋和金素来为敌，二来忽必烈（元世祖）礼遇金朝的有识之士（曾三度召见他，李冶趁机劝其"减刑罚、止征伐"）。这是李冶一生的转折点，将近半个世纪的学术生涯开始了（他比丢番图还多活三年）。他返

李冶的《测圆海镜》

由朝鲜回归重印的《算学启蒙》

回河北老家,在今石家庄市西南郊的封龙山收徒讲学、著书立说,著有随想录《泛说》等,记录了他对各种事物的见解。

李冶一生著述甚多,最让他得意的是《测圆海镜》(1248),此书奠定了中国古代数学中"天元术"的基础。天元术是一种用数学符号列方程的方法,在《九章算术》中是用文字叙述的方式建立二次方程的,尚没有未知数的概念。到了唐代,已有人列出三次方程,却是用几何方法推导,需要高度的技巧,不易于推广。此后,方程理论一直受几何思维束缚,如常数项只能为正,方程次数不能高过三次。直到北宋年间,贾宪等人才找到了高次方程正根问题的基本解法。

可是,随着数学问题的日益复杂,迫切需要一种更一般的、能建立任意次方程的方法,天元术便应运而生了。李冶意识到,只有摆脱几何的思维模式,建立一整套不依赖于具体问题的普遍程序,才能实现上述目的。为此,他首先"立天元一为某某",这相当于"设 x 为某某","天元一"表示未知数。他在一次项系数旁置"元"字,从上至下幂次依次递增。在这里,未知数有了纯代数意义,二次方不必代表面积,三次方也不必代表体积,常数项也可正可负。至此,困扰中国数学家一千多年的任意 n 次代数方程的表达便变得非常容易了。

不仅如此,李冶还引进记号〇来代替空位,这样一来,传统的 10 进制便有了完整的数码。由于在南方,比《测圆海镜》早一年问世的《数书九章》也采用了同一记号,因此〇号在中国迅速得以普及。除了〇号以外,李冶还发明了负号(在数字上方加画一斜线)和一套相当简便的小数记法,这两种记号比欧洲人分别早了两个世纪和四个世纪,也使得中国的代数学"半符号化"——因为尚缺少等号等运算符号。既然有如此先进的思维,李冶必然是个有哲学头脑的人,他认为数虽奥妙无穷,却是可以认识的。

李冶去世那年,正好南宋也被元灭亡了。此前,南北方之间包括数学在内的交流是非常少的。朱世杰(1249~1314)在"宋元四大家"中出生得最晚,因而幸运地得以博采南北两地数学之精华。由于朱世杰一生未入仕途,我们对他的家世和生卒年一无所知，现有的资料是从友人为他的两部著作《算学启蒙》（1299）和《四元玉鉴》（1303）所作的序言里获得的。与李冶一样，朱世杰也出生在北京附近，但那时元已灭金，北京（燕京）已成为重要的政治和文化中心。

经过了长达二十多年的游学之后，朱世杰终于在扬州安定下来，在那里刊印了前面提到的两部数学著作。《算学启蒙》从简单的四则运算入手，一直讲到当时数学的重要成就——开高次方和天元术，包括了已有数学的方方面面，形成了一个完备的体系，是一部很好的数学启蒙教材。可能受南宋日用和商用数学的影响，以及杨辉著作的启发，朱世杰在书的最前面给出了包括乘法九九歌诀、除法九归歌诀等口诀，以利于更多的人阅读。

据史载，明世宗朱厚熜（1507~1566）也曾学习《算学启蒙》，并与大臣商讨过，可是到了明末这部书却在中国失传。好在它出版不久便流传至朝鲜和日本，并被多次注释，对日本的和算尤有影响，直到清朝道光年间（1839），才在它的诞生地扬州依据朝鲜的一个版本重新刻印。与《算学启蒙》的通俗性相比，《四元玉鉴》则是朱世杰多年研究成果的结晶，其中最重要的成果是，把李冶的天元术从一个未知数推广到二元、三元乃至四元高次联立方程组上，这就是所谓的"四元术"。

朱世杰的"四元术"是这样的，令常数项居中，然后"立天元一于下，地元

$$-248x^4+136x^2-x+412=0$$

李冶首创在数字上加斜划以表示负数

一于左，人元一于右，物元一于上"。也就是说，他用天、地、人、物来表示四个未知数，即今天的 x、y、z、w。例如，方程 $x+2y+3z+4w+5xy+6zw=A$ 可以表示成下列图表：

$$\begin{array}{ccc} & 4 & 6 \\ 2 & A & 3 \\ 5 & 1 & \end{array}$$

朱世杰不仅给出了这种图表的四则运算法则，还发明了消元法，可以依次消元，最后只留一个未知数，从而求得整个方程的解。在欧洲，直到 18 世纪，才由西尔维斯特和凯利等人用矩阵的方法对消元法进行了较为全面的研究。除了四元术以外，朱世杰还对高阶等差级数求和作了深入探讨，在沈括、杨辉工作的基础上，给出了一系列更为复杂的三角垛的计算公式，并在牛顿（1676）之前给出了插值法（招插术）的计算公式。

比利时出生的美国人乔治·萨顿（1884~1956）被公认为是科学史这门学科的奠基人，并享有"科学史之父"的美名，"萨顿奖章"是科学史界的最高荣誉，

虽说算盘并非中国人的发明，但却在中国得到最广泛的应用

而第一个获奖人就是他自己（1956 年，李约瑟也曾在 1968 年获此奖）。萨顿精通包括汉语、阿拉伯语在内的 14 种文字，是中国语言学家赵元任（1892~1982）留学哈佛时的导师。就是这样一个萨顿，他称赞《四元玉鉴》是"中国数学著作中最重要的，同时也是中世纪最杰出的数学著作之一"。

结语

遗憾的是，《四元玉鉴》之后，元朝再无高深的数学著作出现。到了明朝，虽然农、工、商业仍在发展，《几何原本》等西方典籍也传入了中国，却由于理学统治、八股取士、大兴文字狱，禁锢了人们的思想，扼杀了自由创造。明朝数学水平远低于宋元，数学家看不懂祖先发明的增乘开方法、天元术、四元术。汉唐宋元数学著作不仅没有新的刻本，反而大多失传。直到清朝后期，才出了一个李善兰，他是近代科学的先驱人物和传播者。可惜，由于当时的中国数学已经远远落后于西方，李氏一个人已经无力追赶。

写到这里，我想提一下深受中国文化影响的日本数学，在明末清初中国数学停滞不前状态时，江户（今东京）诞生了数学神童关孝和（1642~1708）。关孝和仅比牛顿大几个月，后来被公认为是日本数学的奠基人。关的养父是一位武士，他自己也曾担任过幕府直属的武士和首相府的会计检查官。他改进了朱世杰的天元术算法，建立起了行列式的数学理论，比莱布尼茨的理论更早也更广泛。在微积分学方面他也有重要发展，只是由于武士的谦逊和各学派之间的保密，我们不知道哪些成就属于他个人。他和他的学生组成的"关流"是和算最大的流派，他本人也被尊称为日本的"算圣"。

李善兰：清代最有成就的数学家

秦九韶塑像，四川安岳

综观包括中世纪在内的古代中国数学史，数学家们大多是在以八股文取得一定的功名之后，才从事自己喜欢的数学研究。他们没有希腊的亚历山大大学和图书馆那样的群体研究机构和资料信息中心，只能以文养理或以官养理。这样一来，就难以全身心地投入研究。以数学进步较快的宋朝为例，多数数学家出身低级官吏，他们的注意力主要放在平民百姓和技术人员关心的问题上，因此忽略了理论工作。即使是著述，也大多以注释前人著作的方式进行。

不过，若是把中国古代数学与其他古代民族，如埃及人、巴比伦人、印度人、阿拉伯人的数学，甚至中世纪的欧洲各国进行比较，还是很值得骄傲的。希腊数学就其抽象性和系统性而言，以欧几里得几何为代表，它的水平无疑是很高的，但在代数领域，中国人的成就不见得逊色，甚至可能略胜一筹。中国数学的最大弱点是，缺少一种严格求证的思想，为数学而数学的情形极为罕见（一个突出的例子是规矩和欧几里得作图法的差异），这一点与贪求功名的文人一样，归因于一种功利主义。

功利主义当然有它的社会根源，学者们总是首先致力于统治阶级要求解决的问题。在中国古代，数学的重要性主要是通过它与历法的关系显现出来，后者因为与信仰有关而成为帝王牢牢掌控的一个特权。赵爽证明勾

西溪河上的道古桥
作者摄

股定理以后，便用它来求取某些与历法相关的一元二次方程的根；祖冲之偏爱用约率和密率来表示圆周率，其目的是为了准确地计算闰年的周期；而秦九韶的大衍术（中国剩余定理）主要用来上元积年的推算，后者可以帮助确定回归年、朔望月等天文常数。

在古代中国，一旦农业连续几年歉收，饥荒导致人口减少，统治者便担心民众造反，尤其是农民揭竿起义。把责任归咎于历法不够准确，影响了农事，无疑是一种很好的借口和开脱。每逢这个时候，朝廷便会颁布诏书，着令学者们重新制订历法。这样一来的结果必然是，最杰出的数学头脑总是围绕着那几个古老的计算问题，他们普遍缺乏开创新天地的勇气和胆量。不过，当代数学家吴文俊（1919~）从古代中国算法思想中吸取灵感，创造出了"吴方法"，应用于几何定理的机器证明。

最后，说一则古代中国数学家的故事。这个故事发生在杭州，此城有陈建功（1893～1971）和苏步青（1902～2003）两位留学日本的数学博士，他们在浙江大学建立了"陈苏学派"。而在古代为数不多的数学家中，也有两位（沈括和杨辉）出生在杭州。与杨辉同时代的数学家秦九韶，字道古，曾随家人在杭州生活多年。浙大附近有一座石桥叫道古桥，相传此桥系秦九韶倡导并亲自设计修造，架在西溪河上，本名西溪桥，提议将此桥更名的是元代数学家朱世杰。由于秦九韶晚年和去世之后，有两位文人撰文称秦九韶贪污违法，他的名誉受到了严重的损害，他的名字和桥名也似隐似现，直到清代才有多名有识之士为他辩护，痛斥诽谤。遗憾的是，21世纪一项市政建设工程使得桥毁河填，仅留有道古桥公交车站。2012年，在作者的建议下，杭州市地名办将距老桥遗址约百米的一座新桥命名为道古桥。

人们可以写一部印度历史，一直写到距今四百年前而不提到一个"海"字

——赫·乔·韦尔斯

从《鲁拜集》的诗篇里可以看出，宇宙的历史是神构思、演出、观看的戏剧。

——豪·路·博尔赫斯

南印度花园

松鼠的尾巴闪过窗台
一片羽毛飘零在空气中
菩提树下昆虫的鸣叫
淹没了附近市井的喧闹

蓝孔雀带回北方的消息
沐浴的人们浸泡在恒河里
不停地洗涤私念和欲望
大象的鼻子一层层卷曲

我从未如此亲近地
与动物们生活在一起
比天空中那些漫漫的长夜
更能观照自己的内心

2003年12月，班加罗尔

从印度河到恒河

雅利安人的宗教

大约在四千年以前，正当埃及人、巴比伦人和中国人以不同的方式各自发展河谷文明的时候，有一支操着印欧语的游牧民族长途跋涉，从中亚细亚越过冈第斯山进入北印度并留了下来。这些人被称为雅利安人（Aryan），这个词源自梵文，本意是"高贵的"或"土地所有者"。另一部分雅利安人则西迁，成为伊朗人和一部分欧洲人的祖先。据说北欧和日耳曼诸民族是最纯粹的雅利安人，以至于有人鼓吹"高贵人种"说，这个谬论在上个世纪三四十年代曾被希特勒及其追随者利用。

在雅利安人到来之前，印度已有被称为达罗毗荼人的原住民。他们的历史至少可以上溯到此前一千多年，据说是从巴基斯坦的西部越过印度河延扩而来，至今仍有四分之一的印度人操着属于达罗毗荼语系的语言，其中南方的泰卢固语和泰米尔语等四种语言属于印度官方语言。遗憾的是，早期达罗毗荼人所用的象形文字和中国的殷商甲骨文一样难以解破，因此，这个时期（也可谓是河谷文明）包括数学在内的印度文明我们所知甚少。

雅利安人在印度西北部站稳脚跟以后，继续向东推进，横穿了恒河平原，抵达今天的比哈尔邦（人口逾亿，密度是日本的两倍）一带。他们征服了达罗毗荼人，使得北部地区成为印度的文化核心区，包括吠陀教（印度教前身）、耆那教、佛教以及很久以后的锡克教等均诞生在这里。雅利安人的影响逐渐扩

恒河之滨：阿拉哈巴德的沐浴节

散到整个印度，他们在抵达以后的第一个千年里，创造了书写和口语的梵文。吠陀教也是雅利安人创造的，这是印度最古老而又有文字记载的宗教。可以说，古代印度的文化便是根植于吠陀教和梵语之上。

　　吠陀教是一种重视祭礼的多神教，尤其崇拜一些与天空和自然现象有关的男性神灵，与继而兴起的印度教很不相同。祭礼以宰牲献祭为中心内容，同时还要榨制和饮用苏摩酒（Soma）。苏摩是一种属性不明的植物，茎中的液汁经过羊毛过滤，和以水与奶。信徒珍视苏摩酒，因为它使人兴奋，甚至会产生幻觉。至于献祭的目的，自然是为了神灵能以大量牲畜、好运、健康长寿和男性子孙等物质利益相回报。可是，过于烦琐的仪式和清规戒律使得吠陀教日渐衰落。

　　吠陀教因其唯一的圣典《吠陀》而得名，后者成书于公元前15世纪至前5世纪，历时1000年左右。吠陀（Veda）的本意是"知识"、"光明"，这部圣典的主体部分是用梵文写的，其中最重要、也是最古老的是几个吠陀本集，既有对诸神的颂诗，也有散文体或韵文体的祭辞。书中把印度社会分成四个等级或种姓，分别是婆罗门（祭司）、刹帝利（统治者）、吠舍（商人）和首陀罗

婆罗门之书:《奥义书》

典型的泰国印度教寺庙: 外观呈等腰梯形

（非雅利安族奴隶），这种划分基本上仍存在于后世的印度教中。

　　除了本集以外，《吠陀》还有《婆罗门之书》作为附属，用以对祷颂诗和祭辞的阐释和说明。《婆罗门之书》分为三部分，即《梵书》、《森林书》和《奥义书》。《梵书》说的是祭典方法，《森林书》描述礼拜上天和灵性修持的各种不同方法，《奥义书》则揭示如何摧毁个体灵魂的无明，引导灵性修持者获得最高的智慧和完美的成就，以及解脱我们对物质世界、世俗诱惑和肉体小我的执著。以上著作均属于"天启"，而根据人们记忆"传承"的经典则首推《薄伽梵歌》，这本书的一条箴言是：宁静即瑜伽。

　　《吠陀》最初由祭司口头传诵，后来记录在棕榈叶或树皮上。虽然大部分已经失传，但幸运的是，残留的《吠陀》中也有论及庙宇、祭坛的设计与测量的部分《测绳的法规》，即《绳法经》。这是印度最早的数学文献，此前只有在钱币和铭文上看到零碎的数学符号，其中有一些数学问题涉及祭坛设计中的几何图形和代数计算，包括毕达哥拉斯定理的应用，矩形对角线的性质、相似图形的性质，以及一些作图法等，拉绳测量和基本几何体的面积计算是必不可少的。

《绳法经》和佛经

《绳法经》成书年代大约为公元前8世纪至2世纪，不晚于印度两大古典史诗《摩诃婆罗多》和《罗摩衍那》。据说现在保存较好的《绳法经》共有四种，分别以其作者或作者所代表的学派命名。书中包含了修筑祭坛的法则，包括祭坛的形状和尺寸，最常用的三种形状是正方形、圆和半圆，但不管哪种形状，祭坛的面积必须相等。因此，印度人要学会（或已经学会）做出与正方形等面积的圆，或两倍于正方形面积的圆，以便采用半圆形的祭坛。另外一种形状是等腰梯形，甚至其他等面积的几何图形，这就提出了新的几何问题。

在设计这类规定形状的祭坛时，必须要懂得一些基本的几何知识和结论，例如毕达哥拉斯定理。印度人陈述这个定理的方式非常独特，"矩形对角线生成的面积（正方形）等于矩形两边各自生成的两块面积之和。"显而易见，不同与《周髀算经》里源自日高测量的需要。这段时期的印度数学只不过是一些不相连贯的用文字表达的求面积和体积的近似法则，这些法则当然都是经验的，没有任何演绎证明。

举例来说，如果要修筑两倍于某正方形面积的圆形或半圆祭坛，需要用到圆周率，《绳法经》里记载了以下近似值：

$$\pi = 4(1 - \frac{1}{8} + \frac{1}{8 \times 29} - \frac{1}{8 \times 29 \times 6} - \frac{1}{8 \times 29 \times 6 \times 8})^2 \approx 3.0883$$

此外，还有人用到了 $\pi = 3.004$ 和 $\pi = 4(\frac{8}{9})^2 \approx 3.16049$ 的近似值。而在设计面积为2的正方形祭坛的边长时，又需要知道 $\sqrt{2}$ 的值。《绳法经》有这样的公式记载，

$$\sqrt{2} = 1 + \frac{1}{3} + \frac{1}{3 \times 4} - \frac{1}{3 \times 4 \times 34} \approx 1.414215686$$

精确到小数点后五位。值得注意的是，这里的表达式和上文 π 的表达式全部采用了单位分数，这与埃及人的记法完全一致，不知是属于"惊人的巧合"，还是一种借鉴。

公元前599年，耆那教的创始人摩诃毗罗（又称大雄）出生在比哈尔邦，与比他小36岁的佛教始祖释迦牟尼的出生地邻近。两人还有许多共同点，例如，他们都是部落首领的儿子，都在优越的环境中长大，都是在30岁前后放弃财产、家庭和舒适的生活，离家去过流浪生活并寻找真理。不同的是，（除了妻子以外）释迦牟尼扔下的是襁褓中的儿子，而摩诃毗罗抛弃的是年幼的女儿。耆那教和佛教几乎是同时兴起，都是为了反对吠陀教的繁文缛节和婆罗门至上的种姓制度。

耆那在梵语里的本意是胜利者或征服者，这门宗教认为没有创世之神，时间无尽无形，宇宙无边无际，万物分为灵魂与非灵魂。耆那教的兴趣和原始经典所涉及的范围非常广泛，除了阐明教义以外，还在文学、戏剧、艺术、建筑学等方面做出了重要贡献，也包含了数学和天文学上的基础原理和结论。在公元前5世纪到2世纪一些用普拉克利特方言（比梵文更古老的语言，原意是俗语，梵文即雅语）书写的读物中，出现了诸如圆周长 $C=\sqrt{10}d$，弧长 $s=\sqrt{a^2+6h^2}$ 等近似计算公式。

相比之下，佛陀认为一切无常，无论是外在事物或身心，都在不断变化。因此，它不可能规定诸如祭坛的面积。佛教接纳一切人，不分种姓，不承认人与人之间有任何本质差异。比起耆那教和印度教来，佛教更像是一种哲学观念，尤其在印度。佛教的时间观念也很特别，多少体现出一种数学味道。例如，可能是因为印度一年有三个季节（雨季、夏季、旱季），佛经里把昼夜也各分三个部分，分别是上日、中日和下日，初夜、中夜和后夜。至于年份，则一百年为一世，五百年为一变，一千年为一化，一万两千年为一周。

侧卧的佛陀（印度阿旃陀村）　　　　　　　　　　　　　祭坛上的图案

　　更有意思的是时间的分割，佛学中大抵以"刹那"为最小时间单位。梵语里有"刹那"和"一念"，一念有90刹那，所谓"少壮一弹指，六十三刹那"。可是，"刹那"的真量，除佛陀外皆不能尽知。于是，有了以下诗歌，

　　　　　我们看到月亮的圆缺，知道时间运转不息；
　　　　　我们体察心念的生灭，知道光阴的短暂。

　　在耆那教和佛教兴起的同时（公元前6世纪），灵魂再生、因果报应和通过冥思苦想来摆脱轮回的观念在吠陀教徒中广为流传，它也脱胎变成了印度教。

　　从此以后，这个涉及几乎全部人生的新教逐步主宰了整个印度次大陆（耆那教在印度仅限于西部和北部的少数几个邦，而佛教的影响主要在东南亚等地，在印度则已蜕化成为一种哲学体系和道德规范），甚至成为南亚许

多民族（如尼泊尔人和斯里兰卡人）的信仰、习俗和社会宗教制度。与此同时，数学也逐渐脱离了宗教的影响，成为天文学的有力工具。

零号和印度数码

到了公元前5世纪中叶，位于比哈尔邦的摩揭陀国征服了整个恒河平原，为日后的孔雀帝国（约公元前321～前185）的繁荣昌盛打下了基础，后者在阿育王统治时期（公元前3世纪）达到鼎盛。阿育王被认为是印度历史上最伟大的君主，毕生致力于佛教的宣扬和传播，他是佛陀之后使佛教成为世界性宗教的第一人，犹如基督教的使者保罗。阿育王的祖父是孔雀王朝的创立者，他在驱逐亚历山大大帝的同时或稍后，征服了印度北部，建立起印度历史上第一个帝国。

说到亚历山大的入侵，那是一次奇迹般的漫游，架起了一座连接西方的希腊和东方的印度的桥梁。在到达里海南岸后，亚历山大的军队继续向东行进，建造了阿富汗的两座名城——赫拉特和坎大哈，向北进入中亚的撒马尔罕。他并没有占领，而是挥师南下，穿过兴都库什山脉的缝隙，从喀布尔以东的开伯尔山口进入印度。本来，他还想继续东进，越过沙漠到达恒河地区。可是，经过多年征战以后，士兵们已筋疲力尽。公元前325年，亚历山大从印度河流域撤走，返回了波斯。他在旁遮普设立了总督，留下一支军队，后来被阿育王的祖父赶走。

虽以失败告终，这次短暂的远征却留下了不可磨灭的痕迹。他开启了希腊与印度的交流，据说到了罗马时代，亚历山大商人在南印度拥有许多定居区，他们甚至在那里建立起奥古斯都神庙，由此可见其影响力。定居点通常由两队罗马士兵守卫，罗马皇帝也曾派遣使臣到南印度。至

亚历山大大帝，他的远征架起了连接东西方的桥梁

于在数学和其他科学领域，希腊文明对印度人肯定也有影响。5世纪的一位印度天文学家这样写道："希腊人虽不纯正（凡信仰不同的人都被视为不纯正），但必须受到崇敬，因他们对科学训练有素并在这方面超过他人。"

1881年夏天，在今天巴基斯坦（当时和古代大部分时间属于印度）西北部距离白沙瓦约80公里的一座叫巴克沙利的村庄，一个佃户在挖地时发现了书写在桦树皮上的所谓"巴克沙利手稿"，上面记载了公元元年前后数个世纪的数学（也称耆那教数学），内容十分丰富，涉及分数、平方数、数列、比例、收支与利润计算、级数求和、代数方程，等等。还引进了减号，状如今天的加号，不过写在减数的右边。最有意义的是，手稿中出现了完整的10进制数码，其中零号用实心的点表示。

$$\begin{array}{c}3\ 1+\\4\ 2\end{array}$$ means 3/4minus 1/2

$$\frac{3}{4}-\frac{1}{2}$$

$$\begin{array}{c}1\\1\\3\end{array}$$ means 1 plus 1/3
so equals 4/3

$$1+\frac{1}{3}=\frac{4}{3}$$

$$\begin{array}{c}1\\1\\3+\end{array}$$ means 1 minus 1/3
so equals 2/3

$$1-\frac{1}{3}=\frac{2}{3}$$

$$\begin{array}{cc}5\ 2\\1\ 1\end{array}\text{yu}$$ pha 7

This means 5/1 plus 2/1
equals 7

$$\frac{5}{1}+\frac{2}{1}=7$$

$$\begin{array}{c}1\\1\ \text{bha 8}\\3+\end{array}$$ pha 12

This means 8 divided by
2/3 equals 12

$$8\div\frac{2}{3}=12$$

$$\begin{array}{cccc}\cdot\ 1\ 1\ 1\\1\ 1\ 1\ 1\ \text{bha 32}\\3+\ 3+\ 3+\end{array}$$ pha 108

Find number 32 divided by
$(2/3)^3$ It equals 108

$$32\div\left(\frac{2}{3}\right)^3=108$$

巴克沙利手稿上的算术题

　　表示零的点号后来逐渐演变成为圆圈，即现在通用的"0"号，它至晚在9世纪就已出现，因为在876年的一块瓜廖尔石碑上，清晰地刻着数"0"。瓜廖尔是印度北方的一座城市，属于人口最密集的中央邦，该邦与比哈尔邦相邻，它们同处于恒河流域。据说那块石碑是在一座花园里发现的，上面刻着预备每天供给当地庙宇的花环或花冠数，其中的两个"0"号虽然不大，但却写得非常清晰。

　　印度人还用正数表示财产，负数表示欠债。用圆圈符号"0"表示零，无疑是印度人的一大发明。"0"既表示"无"的概念，又表示位值记数中的空位，它是数的一个基本单位，可以与其他数一起计算。相比之下，早期巴比伦楔形文书和宋元以前的中国筹算记数法，都是留出空位而没有符号。后来的巴比伦人和玛雅人虽然引进了零号（玛雅人是用一只贝壳或眼睛），但仅仅是表示空位而没有把它看作是一个独立的数。

　　值得一提的是，瓜廖尔石碑上所刻的数字比起阿拉伯文中的数字来，更接近于今天全世界通用的"阿拉伯数字"。8世纪以后，印度数码和零号便先后传入阿拉伯世界，再通过阿拉伯传到欧洲，13世纪初，斐波那契的《算盘书》里已有包括零号在内的完整的印度数码的介绍。印度数码和10进制记数法被欧洲人普遍接受并改造以后，在近代科学的进步中扮演了重要的角色。而那以后，印度数学史也成了几个顶尖数学家的历史。

从北印度到南印度

阿耶波多

476年，在距离巴特那不远的恒河南岸，诞生了一位迄今为止最早的印度数学家——阿耶波多。巴特那现在是比哈尔邦的首府，原先的名字叫华氏城，16世纪阿富汗人侵入并重建时改为现名。释迦牟尼晚年曾行教至此，它是印度历史上最强盛的两个王朝——孔雀和笈多（约320～540）的都城。笈多王朝是中世纪统一印度的第一个王朝，疆域包括今天印度北部、中部和西部的大部分地区，期间诞生了10进制记数法、印度教艺术和伟大的梵文史诗、戏剧《沙恭达罗》和它的作者迦梨陀娑（约5世纪），东晋高僧法显曾来此取经。

阿耶波多出生时，笈多王朝的首都已经西迁，华氏城开始衰落，但仍为学术中

浦那的阿耶波多塑像

巴特那在印度的位置

心（玄奘约于631年抵达此城）。与后来的印度数学家一样，阿耶波多的数学工作主要是为了研究天文学和占星术而产生的。他在故乡和华氏城著书立说，代表作有两部，一部是《阿耶波多历书》（499），另一部算术书已失传。《阿耶波多历书》的主要部分是天文表，但也包含了算术、时间的度量、球等数学内容。该书在800年左右被译成拉丁文，流传到了欧洲。此书在印度尤其是南印度影响甚广，曾被多位数学家评注。

阿耶波多给出了连续 n 个正整数的平方和与立方和的表达式，即

$$1^2+2^2+\cdots+n^2 = \frac{n(n+1)(2n+1)}{6}$$
$$1^3+2^3+\cdots+n^3 = \frac{n^2(n+1)^2}{4}$$

关于圆周率，阿耶波多在印度率先求得 $\pi = 3.1416$，但其方法不得而知（有人说

他是通过计算圆内接正384边形的周长），或许与中国的π有关系。在三角学方面，阿耶波多以制作正弦表闻名。古希腊的托勒密也制作过正弦表，但他把圆弧和半径的长度用不同的度量划分，非常不便。阿耶波多作了改进，他默认曲线和直线用同一单位度量，制作了从0°到90°每隔3°45'的正弦表。阿耶波多把半弦称作"jiva"，意思是猎人的弓弦，阿拉伯人把它译成"dschaib"，意思是胸膛、海湾或凹处，到了拉丁文里又变成了"sinus"，"正弦"（sine）一词即来源于此。

在解答算术问题时，阿耶波多经常采用试位法和反演法。所谓反演法就是从已知条件逐步往回推，例如，他曾描述过这样的问题："带着微笑眼睛的美丽少女，请你告诉我，什么数乘以3，加上这个乘积的3/4，然后除以7，减去此商的1/3，自乘，减去52，取平方根，加上8，除以10，得2？"根据反演法，我们从2这个数开始往回推，于是，$(2 \times 10-8)^2 + 52=196, \sqrt{196}=14, 14 \times (3/2)$ $\times 7 \times (4/7)/3=28$，即为答案。从中我们也可以看出，印度数学家是用诗歌的语言来表达这类算术问题的。

阿耶波多最有意义的工作是求解一次不定方程

$$ax + by = c$$

他利用所谓的库塔卡（kuttaka，意思是粉碎或碾细）方法。例如，设$a>b>0$，$c=(a, b)$是a和b的最大公因数，则

$$a = bq_1 + r_1, \ 0 \leqslant r_1 < b$$
$$b = r_1q_2 + r_2, \ 0 \leqslant r_2 < r_1$$
$$\cdots$$
$$r_{n-2} = r_{n-1}q_{n-1} + r_n, \ 0 \leqslant r_n < r_{n-1}$$
$$r_{n-1} = r_nq_n$$

依次迭代，可将$c=(a, b)=r_n$表示成a和b的线性组合，即求得上述不定方

程的整数解 x 和 y。

　　事实上，这种方法就是后来秦九韶在"大衍求一术"中使用的"辗转相除法"，它的雏形"更相减损术"早在《九章算术》里就已出现。在西方这个方法叫欧几里得算法，只是希腊人的这套方法也不完善，即使是最后一个数论大家丢番图，仍只考虑此类方程的正整数解，阿耶波多和他的后继者则取消了这个限制。在天文学上，阿耶波多也有很多贡献，他用数学方法计算出了黄道、白道的升交点和降交点的运动，某些星辰的最迟点和迟速运动，甚至提出过日食和月食的推算方式，以及地球自转的想法，可惜未得到后世同胞的认可和响应。为了纪念阿耶波多，印度发射成功的第一颗人造卫星以他的名字命名（1975）。

婆罗摩笈多

　　阿耶波多之后，印度要等上一个多世纪才出现下一个重要的数学家，那便是婆罗摩笈多（约598～约660）。有意思的是，在这一百多年间，整个世界（无论东方还是西方）都没有产生一个大数学家。婆罗摩笈多的祖籍可能是在今巴基斯坦南部的信德省，该省的首府是全国最大城市卡拉奇，但婆罗摩笈多出生在印度中央邦西南部的城市乌贾因，并在那里长大。与比哈尔邦毗邻的中央邦是印度面积最大的邦，这两个邦是古代印度政治、文化和科学的中心地带，如同我们的中原地区一样。

沉湎于计算的婆罗摩笈多

乌贾因虽说不曾做过统一王朝的都城（笈多王朝之后印度一直处于分裂状态），却是印度七大圣城之一。北回归线经过城市的北郊，印度地理学家确定的第一条子午线也穿越其中。它是继巴特那之后印度古代数学和天文学的中心，也是大诗人、戏剧家迦梨陀娑的诞生地，后者被认为是印度历史上最伟大的作家。由于这两座城市相距将近一千公里（乌贾因离孟买比离巴特那更近），这就意味着印度科学中心向西南转移。据说阿育王继位以前，父王曾派他到乌贾因担任总督。婆罗摩笈多成年以后，一直在乌贾因天文台工作，在望远镜出现之前，它可谓是世界上最古老、最负盛名的天文台之一。

婆罗摩笈多留下了两部天文学著作，《婆罗多修正体系》（628）和《肯德卡迪亚格》（约665），后者是在作者去世后刊出的，其中包括了正弦函数表，他利用了不同于阿耶波多的方法，即二次插值法。《婆罗多修正体系》包含的数学内容更多，全书共分24章，"算术讲义"和"不定方程讲义"两章是专论数学的，前者研究三角形、四边形、二次方程、零和负数的算术性质、运算规则，后者研究一阶和二阶不定方程。其他各章虽然是关于天文学研究，但也涉及不少数学知识。

以零的运算法则为例，婆罗摩笈多这样写道："负数减去零是负数；正数减去零是正数；零减去零什么也没有；零乘负数、正数或零都是零……零除以零是空无一物，正数或负数除以零是一个以零为分母的分数。"最后这句话是印度人提出以零为除数问题的最早记录，将零作为一个数进行运算的思想被后来的印度数学家所继承。他也提出了负数的概念和记号，并给出了运算法则，"一个正数和一个负数之和等于它们的绝对值之差"，"一个正数与一个负数的乘积为负数，两个正数的乘积为正数，两个负数的乘积为正数"，这些在世界上都是领先的。

婆罗摩笈多最重要的数学成果是解下列不定方程：

$$nx^2 + 1 = y^2$$

其中 n 是非平方数，虽然婆罗摩笈多是第一个研究此类方程的数学家，却被18世纪瑞士数学家欧拉错误地命名为佩尔方程（Pell's equation，佩尔是17世纪的英国数学家）。婆罗摩笈多给出了佩尔方程的一种特殊解法，并命名为"瓦格布拉蒂"，他的方法是非常巧智的，这项成就在数学史上占有一席之地。

此外，婆罗摩笈多给出了有关一元二次方程根的一般的求根公式，可惜丢了一个根。他还得到边长分别为 a、b、c、d 的四边形的面积公式，即

$$s = \sqrt{(p-a)(p-b)(p-c)(p-d)}$$

其中 $p = \frac{a+b+c+d}{2}$。可以想象，婆罗摩笈多一定为这个结果感到得意，但实际上，它仅仅对圆内接四边形才正确。最后，值得一提的是，利用两组相邻三角形的边长比例关系，他还给出了毕达哥拉斯定理的一个漂亮证明。

马哈维拉

婆罗摩笈多是个有思想的数学家，可惜这方面和他的生平资料一样留下来的很少，他曾经说过："正如太阳之其光芒使众星失色，学者也以其能提出代数问题而使满座高朋逊色，若其能给予解答则将使侪辈更为相形见绌。"想必在他生活的年代，乌贾因地区有着很好的学术氛围，史上也有所谓的乌贾因学派之说。遗憾的是，在婆罗摩笈多去世后的四个多世纪里，乌贾因再没有出现杰出的数学家，政治动乱和王朝更迭可能是其中的一个主要原因。倒是在南印度相对偏僻的卡纳塔克邦，诞生了两位数学天才——马哈维拉和婆什迦罗。

印度的国土面积不过300万平方公里，且南北的长度少于东西的长度，可

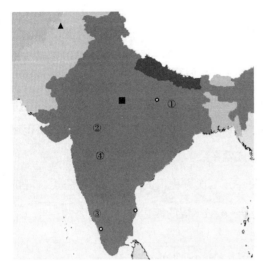

印度数学家的出生地
▲巴克沙利 ■瓜廖尔
①阿耶波多 ②婆罗摩笈多
③马哈维拉 ④婆什迦罗

是"南印度"的概念却扎根在人们心中,在世界上怕是找不到第二个国家。印度南方有地势高耸的德干高原("德干"来源于一个意思为"南方"的梵文词汇)及其北缘的两座山脉形成天然屏蔽,加上纳巴达(讷尔默达)河的护卫,使其免受北方历代王朝或帝国的入侵。事实上,来自北方的多次征讨都遭到南方的猛烈抵抗。雅利安人并没有带来他们的饮食习惯,亚历山大的军队未曾涉足,穆斯林和蒙古人的入侵只是点到为止,甚至法兰西和不列颠的影响也微乎其微。

我们对阿育王时代以前的南印度了解甚少,但有一点是明确的,即使分裂成相互对抗的集团,南印度也完全与雅利安人控制下的北方有着同样丰富和先进的文化,无论宗教、哲学、价值观、艺术形式和物质生活等方面。南方几个较大的独立政权国家或王朝为取得支配权而相互竞争,但谁都未能将整个地区统一起来置于自己的控制之下。每个王朝都与东南亚保持着发达的海上贸易关系,每个王朝的政治和文化生活都围绕着以寺庙建筑为主的首都展开。

在南方的诸多王朝里,有一个叫拉喜特拉库塔,大约在公元755至975年统治着德干高原及其附近的一块土地。这个王朝最初可能起源于达罗毗荼族农民，一度建立起庞大的帝国，以至于有一个穆斯林旅行者在他的书里把王朝的统治者称为世界四大帝王之一（另外三个是哈里发、拜占庭皇帝和中国皇帝）。加勒比海小岛特立尼达出生的印裔英国作家奈保尔也提到过，在离班加罗尔200英里外的地方有一处维加雅那加王国的都城遗址，曾经是世界上最伟大的城市之一，那是在14世纪。

就在拉喜特拉库塔王朝处于鼎盛时期时，马哈维拉（约800～870）出生于迈索尔的一个耆那教徒家庭，他的名字与耆那教的创始人大雄相同。迈索尔是印度西南海岸卡纳塔克邦（本意是"高地"）的第二大城市，位于两座名城班加罗尔和卡利卡特之间。班加罗尔作为卡纳塔克邦的首府，如今已是印度的硅谷和国立数学研究所的所在地；而卡利卡特既是中国航海家郑和去世的地方，也是葡萄牙人达·伽马绕过好望角抵达印度的港口。我们对马哈维拉的生平所知不多，只知道他成年后，在拉喜特拉库塔王朝的宫廷里生活过很长一段时间，可以说是一位宫廷数学家。

大约在850年，马哈维拉撰写了《计算精华》一书，该书曾在南印度被广泛使用。1912年，这部书又被译成英文在马德拉斯出版。此书是印度第一部初具现代形式的教科书，现今数学教材中的一些论题和结构已在其中可以见到。更为稀罕的是，《计算精华》是一部纯粹的数学书，几乎没有涉及任何天文学问题，这也是它与前辈们不同的地方。全书共分九章，其中最有价值的研究成果包括：零的运算、二次方程、利率计算、整数性质和排列组合。

马哈维拉指出，一数乘以0得0，并说减去0并不使此数减少，他还给出了除以一分数等于乘以此数的倒数，甚至提到一数除以零为无穷量。不过，他曾错误地断言负数的平方根不存在。有趣的是，与中国数学家杨辉潜心于幻方一样，马哈维拉也着迷于一种叫花环数的游戏。将两整数相乘，若其乘积的数字呈中心对称，马哈维拉称之为"花环数"。他对这种特殊整数的构成规律进行了研究，例如，

$$14287143 \times 7 = 100010001$$
$$12345679 \times 9 = 111111111$$
$$27994681 \times 441 = 12345654321$$

有趣的是，中国人沿用诗词里的词汇，称花环数为回文数，英文则叫
Palindromic number，又称谢赫拉莎德数，即以《一千零一夜》里那位会讲故
事的王妃命名，方幂数理也有许多花环数，例如，$11^2 = 121$，$7^3 = 343$，$11^4 =$
14641，但迄今未见五次方的花环数。

耆那教的典籍中含有一些简单的排列组合问题，马哈维拉在总结前人工作的
基础上，率先给出了今天我们熟知的二项式系数的计算公式，即若 $1 \leqslant r \leqslant n$，

$$\binom{n}{r} = \frac{n(n-1)\cdots(n-r+1)}{r(r-1)\cdots 1}$$

此时离贾宪生活的时代尚有两个世纪。此外，他改进了一次不定方程的库塔
卡方法，对古老的埃及分数作了深入研究，证明1可表示成任意多个单分数之
和，任何分数均可表示成偶数个指定分子的分数之和，等等。他还详细地研究
了某些 n 次方程的求解，平面几何的作图问题，以及椭圆周长和弓形面积的近
似计算公式，后者与中国《九章算术》里的结果不谋而合。

婆什迦罗

最后，我们终于要谈到印度古代和中世纪最伟大的数学家、天文学家婆什
迦罗了。印度有两个数学家叫婆什迦罗，一个生活在7世纪，我们要说的那个生
活在12世纪。1114年，婆什迦罗出生在印度南方德干高原西侧的比德尔，该城
位于2010年世界数学家大会主办城市海德拉巴到孟买的公路和铁路线上，和马
哈维拉的故乡迈索尔同属于卡纳塔克邦。婆什迦罗的父亲是正统的婆罗门，曾

写过一本很流行的占星术著作。婆
什迦罗成年后，来到乌贾因天文台
工作，成为婆罗摩笈多的继承者，
后来还做了这家天文台的台长。

婆什迦罗依此图证明毕氏定理

到12世纪，印度数学已经积累
了相当多的成果。婆什迦罗通过
吸收这些成果并作进一步研究，

取得了高出前人一筹的成就。他的文学造诣也很深，其著作弥漫着诗一般的
气息。婆什迦罗的重要数学著作有两部——《莉拉瓦蒂》和《算法本源》。
《算法本源》主要探讨代数问题，涉及正负数法则、线性方程组、低阶整系
数方程求解等，还给出毕达哥拉斯定理的两个漂亮证明，其中一个与赵爽的
方法相同，另一个直到17世纪才被英国数学家沃利斯重新发现。如图所示，
利用相似三角形的性质，

$$\frac{c}{a} = \frac{b}{m}, \frac{c}{b} = \frac{b}{n}$$

由此可得 $cm = a^2$，$cn = b^2$，两式相加，即得

$$a^2 + b^2 = c(m+n) = c^2$$

婆什迦罗还在书中谈到了朴素而粗糙的无穷大概念，他写到，

　　一个数除以零便成为一个分母是符号0的分数。例如3除以0得
3/0。这个分母是符号0的分数，称为无穷大量。在这个以符号0作
为分母的量中，可以加入或取出任意量而无任何变化发生，就像
在世界毁灭或创造世界的时候，那个无穷的、永恒的上帝没有发
生任何变化一样，虽然有大量的各种生物被吞没或被产生出来。

　　《莉拉瓦蒂》的内容更广泛一些，全书从一个印度教信徒的祈祷开始展开。说到这部书，流传着一个传奇故事。据说莉拉瓦蒂是婆什迦罗宠爱的女儿的名字，占卜得知，她婚后将有灾祸降临。按照父亲的计算，如果婚礼在某一时辰举行，灾祸便可以避免。但到了那天，正当新娘等待着"时刻杯"中的水平面下落，一颗珍珠不知什么原因从她的头饰上滑落，堵在杯孔上，水不再流出了，从而无法确认"吉祥的时辰"。婚礼未能如期举行，婚后果然莉拉瓦蒂失去了丈夫。为了安慰她，婆什迦罗教她算术，并以她的名字命名了自己的著作。

　　婆什迦罗对数学的主要贡献有，采用缩写文字和符号来表示未知数和运算，熟练地掌握了三角函数的和差化积等公式，比较全面地讨论了负数，他称之为"负债"或"损失"，并在数码上方加小点表示。婆什迦罗写道："正数、负数的平方常为正数，正数的平方根有两个，一正一负；负数无平方根，因为它不是一个平方数。"希腊人虽然早就发现了不可通约量，但却不承认无理数是数。婆什迦罗和其他印度数学家则广泛使用了无理数，并在运算时和有理数不加区别。

　　作为婆罗摩笈多数学事业的继承人，婆什迦罗对这位老前辈的每项工作都曾深入了解和研究，并将有些结果作了改进，尤其是佩尔方程 $nx^2 + 1 = y^2$ 的求解。而作为一个天文学家，婆什迦罗也是硕果累累，他涉及的领域包括球面三角学、宇宙结构、天文仪器，等等。其中的成果无不带有数学家的观点和眼光，例如，他用微分学的"瞬时法则"来研究行星的运动法则。据说后人在巴特那发现一块石碑，记载了1207年8月9日当地权贵捐给一个教育机构一笔款项，用以研究婆什

婆什迦罗《莉拉瓦蒂》残片

已故印度数学泰斗拉曼羌德拉
作者摄于班加罗尔

迦罗的著作，此时他去世（约1185）已经二十多年了。

值得一提的是，在印度这块殖民地上，除了诞生萨克雷、奥威尔和吉卜林这样的英国作家，也诞生过两位英国数学家。19世纪初和20世纪初，在南印度泰米尔纳德邦的马杜赖和马德拉斯，数理逻辑学家德·摩尔根和拓扑学家亨利·怀特海相继出生。前者断言亚里士多德传下的逻辑不必要地受到了限制，并成为现代数理逻辑学的奠基人。后者对拓扑学中同伦论的发展做出了重大贡献，并最先给出了微分流形的精确定义。有意思的是，也是在泰米尔纳德邦，19世纪后期还诞生了一位享誉世界的印度数学天才拉曼纽扬。

拉曼纽扬（1887~1920）是主要依靠自学成才的天才型数学家，他在数论尤其是整数分拆方面有突出贡献，在椭圆函数、超几何函数和发散级数领域也有出色的工作。他与稍早的诗人、诺贝尔文学奖得主泰戈尔（1861~1941）是最让印度人感到骄傲的两位印度人。在拉曼纽扬的精神感召下，20世纪后半叶的印度数学和自然科学有了很大的进展。在数论领域，出现了以拉曼羌德拉（1933~2010）为首的印度学派，一直延伸到北美洲的加拿大。在物理学方面，印度人也有卓越贡献，仅马德拉斯大学就出过两位诺贝尔奖得主——拉曼（1888~1970）和钱德拉塞卡（1910~1995），后者在拉曼纽扬去世时还是一个不满10岁的男孩。

神赐的土地

阿拉伯帝国

阿拉伯帝国的兴盛被认为是人类历史上最精彩的插曲之一，这当然与先知穆罕默德的传奇经历有关。570年，穆罕默德出生在阿拉伯半岛西南部的麦加。与耆那教和佛教的始祖摩诃毗罗和释迦牟尼不同，他的祖父虽是部落首领，但他从小就是孤儿，并因此无权继承遗产。麦加当时是一个远离商业、艺术和文化中心的落后地区，穆罕默德在极其艰苦的条件下长大成人。25岁那年，由于他娶了一位富商的遗孀，经济状况才得到改善。直到40岁前后，他的生命才有了奇妙的变化。

穆罕默德领悟到有且只有一个全能的神主宰世界，并确信真主安拉选择了他作为使者，在人间传教。这就是伊斯兰教的来历，它在阿拉伯语里的意思是"顺从"，其信徒叫穆斯林（已顺从者）。根据伊斯兰教的教义，世界末日死者会复活，每个人将依照自己的行为受审。穆斯林有解除他人痛苦、救济贫穷这样的义务，而聚敛财富或否认穷人权利将导致社会腐败，会在后世受到严惩。伊斯兰教还强调，一切信徒皆为兄弟，他们共同生活在紧密的集体中，安拉比颈部的血管离你更近。

622年，穆罕默德率领大约70名门徒被迫出走，他们来到麦加以北200公里的麦地那。这是伊斯兰教的又一个转折点，其信徒人数迅速增加。居住在阿拉伯半岛上的贝都因人是讲阿拉伯语的游牧民族，以勇猛善战著

清真寺的几何轮廓

《古兰经》封面

称，但他们四分五裂，一直不是生活在半岛北部可耕作土地上的其他部落的对手。穆罕默德通过伊斯兰教以及联姻等世俗手段把他们团结起来，开始了史无前例的大规模征战（圣战），他本人曾亲率穆斯林大军进逼叙利亚的边界。

在穆罕默德去世（632）后的10年里，这支军队在他的两任哈里发继承人（均是他的岳父）的率领下，击败了波斯萨珊王朝的大军，占领了美索不达米亚、叙利亚和巴勒斯坦，并从拜占庭手中夺取了埃及（给了亚历山大文明以最后一击）。大约在650年，依据穆罕默德和他的信徒所讲的启示辑录而成的《古兰经》问世，这部书被穆斯林认为是上天的启示，用真主安拉的语言写成，并成为伊斯兰教的四项基本原则（乌苏尔）之首（其余三项分别是圣训、集体的意见和个人判断）。

那以后，阿拉伯人的征战并未结束，711年，他们扫平北非，直指大西洋。接着，又向北穿越直布罗陀海峡，占领西班牙。那会儿中国仍处于唐朝的太平盛世，李白还是个孩童，杜甫则在母亲的腹中。在数学界，印度的婆罗摩笈多过世已经半个世纪，无论是东方还是西方均没有一个数学家在世。看起来，信奉基督教的整个欧洲岌岌可危，将要被穆斯林的军队攻克。可是，732年，已经抵达法国中部的阿拉伯人在图尔战役中战败。

尽管如此，阿拉伯人已经把他们的疆域拓展到东起印度，西至大西洋，北达里海和中亚的广阔地区，这可能是迄今为止人类历史上最大的帝国。穆斯林军队每到一处，就在那里不遗余力地传播伊斯兰教。755年，由于哈里发的权力之争，帝国分裂成了东西两个独立王国，西边的定都西班牙的科尔多瓦，东边的定都叙利亚的大马士革。后者在由阿拔斯家族掌握权力之后，重心逐渐东移到了伊拉克的巴格达，在那里阿拉伯人创建了"一座举世无双的城市"，阿拔斯王朝也成为伊斯兰历史上最驰名和最长久的朝代。

巴格达的智慧宫

巴格达位于底格里斯河畔距离幼发拉底河最接近处，四周是一片平坦的冲积平原。巴格达一词在波斯语里的意思是"神赐的礼物"，自从762年被阿拔斯王朝的第二代哈里发曼苏尔选定为首都之后，这座城市开始兴旺发达，在一个圆形的城墙内，一座座宫殿和建筑拔地而起。到8世纪后期和9世纪前半叶，巴格达在马赫迪及其继承人哈伦·拉希德和麦蒙的领导下，经济繁荣和学术生活都达到顶点，成为继中国长安城之后世界上最富庶的城市。

在世界史上，9世纪是以两位皇帝的出场开端的，他们在国际事务中占有优越的地位。一位是法兰克国王查理曼，他的爷爷曾成功地在法国图尔阻止了穆斯林军队的扩张，公元800年圣诞节，他被教皇加封为罗马人的皇帝；另一位是哈伦·拉希德。这两个人中，哈伦的势力无疑更大一些。出于

阿拔斯王朝时期的《古兰经》片段

各自的目的，这两位同时代的东西方领袖人物之间建立了私人的友谊和同盟关系，经常互赠贵重的礼品。查理曼希望哈伦和他一起反对自己的敌人——拜占庭帝国，而哈伦也希望利用查理曼对抗自己的死对头——西班牙的伍麦叶王朝。

　　无论历史还是传说，都证实了巴格达最辉煌的时代是在哈伦·拉希德在位的时代。建都不到半个世纪的时间，这座城市就从一个荒村发展成为一个拥有惊人的财富的国际大都会，只有拜占庭的君士坦丁堡可以与之抗衡。哈伦是个穆斯林君主的典型，他所表现出来的慷慨大方，像磁石一样，把诗人、乐师、歌手、舞女、猎犬和斗鸡的驯养师，以及所有有一技之长的人都吸引到首都来了。以至于在《一千零一夜》里，哈伦被描绘成为挥金如土、穷奢极侈的君主。

　　与此同时，大约在771年，即巴格达建都的第九年，有一位印度旅行家带来了两篇科学论文。一篇是天文学的，曼苏尔命人把这篇论文译成阿拉伯文，结果那个人就成了伊斯兰世界的第一个大文学家。阿拉伯人还在沙漠里生活的年代，就对星辰的位置很感兴趣，可却没有做过任何科学研究。他们信奉伊斯兰教后，增加了对天文学研究的动力，因为无论身处何地，每天需要五次向麦加方向祈祷朝拜，此乃伊斯兰五功之一的拜功，另四功分别是念

希腊著作的阿拉伯文译本

功、课功（纳财供赈济贫民）、斋功和朝功（朝觐麦加）。

另一篇是婆罗摩笈多的数学论文，正如美国历史学家希提所说，欧洲人所谓的阿拉伯数字，阿拉伯人所谓的印度数码，就是由这篇文章传入穆斯林世界的。不过，印度人的文化输出十分有限。在阿拉伯人的生活中，希腊文化最后成为一切外国影响中最重要的。事实上，在阿拉伯人征服叙利亚和埃及以后，他们接触到的希腊文化遗产便成为他们眼里最宝贵的财富。之后，他们四处搜寻希腊人的著作，包括欧几里得的《几何原本》、托勒密的《地理志》和柏拉图等人的著作便陆续被译成了阿拉伯语。

必须指出的是，那时候中国的造纸术刚好传入阿拉伯世界不久（四个世纪以后，这一技艺像印度-阿拉伯数码一样，经中东和北非绕过地中海传入欧洲），巴格达城里已建起一座造纸厂。本来，自东汉的蔡伦于2世纪初发明造纸术以后，很长一段时间里，中国人对造纸工艺严格保密。可是，751年，唐朝的一支军队在今哈萨克斯坦中部的江布尔败于阿拉伯人，一批造纸工人被俘虏到撒马尔罕，他们在牢房里被迫泄露了秘密。

在哈伦的儿子麦蒙继任哈里发之后，希腊的影响达到了极点。麦蒙本人对理性十分痴迷，据说他曾梦见亚里士多德向他保证，理性和伊斯兰教的教义之间没有真正的分歧。830年，麦蒙下令在巴格达建造了智慧宫（Bayt al-Hikmah）。那是一个集图书馆、科学院和翻译局于一体的联合机构，无论从哪方面来看，它都是公元前3世纪亚历山大图书馆建立以来最重要的学术机关。很快，它就成为世界的学术中心，研究的内容包括哲学、医学、动物学、植物学、天文学、数学、机械、建筑、伊斯兰教教义和阿拉伯语语法学，等等。

花拉子密与《代数学》

在阿拔斯王朝早期这个漫长而有成效的翻译时代的后半时期，巴格达迎来了一个对于科学来说具有独创性的年代。这其中，最重要、最有影响力的人物便是数学家、天文学家花拉子密（约783~约850）。花拉子密降生时，印度数学家婆罗摩笈多去世已一个多世纪，而马哈维拉尚未出世。他的生平资料很少流传下来，一般认为，花拉子密出生在注入咸海的阿姆河下游的花剌子模地区，即今天乌兹别克斯坦境内的希瓦城附近。另一个说法是，他生在巴格达近郊，祖先是花剌子模人。但有一点比较肯定，花拉子密是拜火教徒的后裔。

所谓拜火教又名琐罗亚斯德教或祆教、帕西教，迄今已有两千五百多年的历史，以对火的尊崇，反对戒斋、禁欲、独身和二元神论著称。其创始人琐罗亚斯德比耆那教的创始人摩诃毗罗还要长30岁，他的故乡在今天伊朗的北部，他创立的宗教在他死后几度成为波斯帝国的国教。从花拉子密是拜火教徒我们可以推测，他很有可能是波斯人的后裔，即便不是（或许是中亚

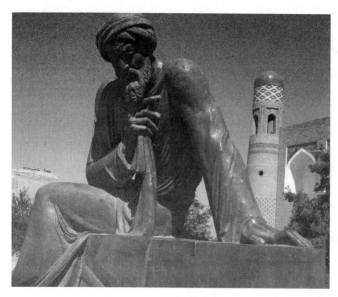

花拉子密塑像

人），他的精神世界也倾向于波斯这个富有悠久文化传统的民族。虽然花拉子密不是纯粹的阿拉伯人，但他无疑精通阿拉伯文。

花拉子密早年在故乡接受教育，后到中亚古城默夫继续深造，并到过阿富汗、印度等地游学。不久，他便成为远近闻名的科学家，时任东部地区总督的麦蒙曾在默夫召见过他。公元813年，麦蒙成为阿拔斯王朝的哈里发后，聘请花拉子密到首都巴格达工作。后来麦蒙创建智慧宫，他就担任了智慧宫的主要领导人。在麦蒙去世后，花拉子密仍在后继的哈里发统治下留在巴格达工作，直至去世。那时的阿拉伯帝国处于政治稳定、经济发展、文化科学繁荣的阶段。

花拉子密在数学方面留下了两部传世之作——《代数学》和《印度计算法》。《代数学》的阿拉伯文原名是《还原与对消计算概要》，其中还原一词 "al-jabr" 也有移项之意。这部书在12世纪的后翻译时代被译成拉丁文，在欧洲产生了巨大影响，"al-jabr" 一词被译成了 "algebra"，这正是今天包括英文在内的西方文字中的 "代数学"，

花拉子密的《代数学》手稿

花拉子密的书遂也被称为《代数学》。可以说，正如埃及人发明了几何学，阿拉伯人命名了代数学。

《代数学》大约完成于820年，所讨论的数学问题本身并不比丢番图或婆罗摩笈多的问题复杂，但它探讨了一般性解法，因而远比希腊人和印度人的著作更接近于近代初等代数，这是难能可贵的。书中用代数方式处理了线性方程组，并率先给出了一元二次方程的一般代数解法，同时，还引进了移项、合并同类项等代数运算方法。这一切为作为"解方程的科学"的代数学开拓了道路，难怪花拉子密的书在欧洲被用作标准课本数百年，这对东方数学家来说十分罕见。

婆罗摩笈多只给出一元二次方程一个根的求法，花拉子密则求出了两个根。可以说，他是世界上最早认识到一元二次方程有两个根的数学家。遗憾的是，尽管他意识到负根的存在，但却舍弃了负根和零根。他还指出，（用现在的语言）如果判别式是负的，则方程无（实）根。在给出各种典型方程的解以后，花拉子密还用几何方法给予证明，这一点明显受到欧几里得的影响。因此我们可以说，花拉子密与后来的其他阿拉伯数学家一样，深受希腊和印度两大文明的熏陶，这当然与他们所处的地理位置有关。

《印度计算法》也是数学史上非常有价值的一本书，该书系统地介绍了印度数码和10进制记数法。尽管此前已被那位印度旅行家介绍到巴格达，但并未引起广泛注意，花拉子密使它们在阿拉伯世界流行起来。12世纪，这本书便传入欧洲并广为传播，其拉丁文手稿现存于剑桥大学图书馆。印度数码也逐渐取代希腊字母记数系统和罗马数字，成为世界通用的数码字，以至于人们习惯称印度数码为阿拉伯数字。值得一提的是，该书的原名是《花拉子密的印度计算法》（*Algoritmi de numero indorum*），其中"Algoritmi" 是花拉子密的拉丁文译文，现代数学术语"算法"（Algorithm）即来源于此。

在几何学方面，尤其是在面积测量上，花拉子密也有自己的贡献。他把三角形和四边形进行了分类，分别给出了相应的测量公式。又如，他给出了圆面积的近似计算公式：

$$S = (1 - \frac{1}{7} - \frac{1}{2} \times \frac{1}{7})d^2$$

此处 d 为圆的半径，该公式相当于圆周率等于 $3\frac{1}{7} \approx 3.14$。这里阿拉伯人和印度人一样，沿用了埃及人使用单位分数的习惯。花拉子密还给出了弓形面积的公式，并把弓形分为大于和小于半圆两种情况。

在天文学方面，花拉子密也做出了重要贡献。他汇编了三角表和天文表，以便测定星辰的位置和日月食，并撰写了多部专述星盘、正弦平方仪、日晷和历法的著作。这方面花拉子密有一位出色的继承人，即叙利亚出生的巴塔尼（约858~929），他发现了太阳的远地点（离地球最远的点）的位置是变动的，因而有可能发生日环食。巴塔尼用三角学取代几何方法，引进了正弦函数，纠正了托勒密的一些错误，包括太阳和某些行星轨道的计算方法。巴塔尼的《天文学》在12世纪被译成拉丁文出版，使其成为中世纪欧洲人最熟知的阿拉伯天文学家。

　　在数学与天文学之外，花拉子密也有许多贡献，他用阿拉伯文写出了最早的历史著作，有力地推动了历史学这门学科的发展。因为军事和商业贸易（阿拉伯人是精明的商人）的需要，制作世界地图在当时非常重要，这要用到复杂的数学和天文学知识，花拉子密的《地球景象书》是中世纪阿拉伯世界的第一部地理学专著，书中描述了当时已知世界的重要居民点以及山川湖海和岛屿，并附有四幅地图。

波斯的智者

欧玛尔·海亚姆

在中世纪的阿拉伯，虽然在数学和科学领域主要受希腊和印度的影响，但在文化方面，无疑波斯的影响更大，这一点不亚于处于希腊文明影响之下的马其顿，后者产生了亚里士多德那样的全才。除了果断和英勇善战以外，阿拉伯人的优点还在于，他们具有出色的组织和管理才能，以及包容大度的良好心态，但在理性和智慧方面，他们尚不及波斯人。事实上，阿拉伯人只有两样东西保全下来，一样是变成国教的伊斯兰教，另一样是变成国语的阿拉伯语。在首都巴格达，波斯头衔、波斯酒、波斯太太、波斯情妇、波斯歌曲等，逐渐成为时尚。

相传哈里发曼苏尔本人是第一个戴波斯高帽子的，他的臣民自然效仿了他。在他的政府中，首次出现了波斯的官职——大臣，并且是由一个拥有波斯血统的人担任。哈里发让妻子和这位大臣的妻子相互哺育对方的女儿，并让大臣的儿子教育自己的儿子哈伦。但是好景不长。当哈伦

欧玛尔·海亚姆纪念碑

从麦加朝觐回来，却发现这位年轻的老师已让他自己的妹妹怀孕并偷偷地生子，而这个妹妹偏偏因为被哈伦过分宠爱以至于不让嫁人。结果人头落地，那位异乡人的尸体被剖成两半，挂在巴格达的两座桥上示众。

更为不幸的是，麦蒙死后，阿拔斯王朝便走上了下坡路。在巴格达周围，出现了许多小王朝，政局持续动荡，帝国被一点点瓜分，剩下的权力也逐渐被军人掌控。一支警卫军起义了，接着又爆发了黑奴革命，宗教派别层出不穷，中央政权的根基不断瓦解。这个时候，波斯人和突厥人又把短剑对准了它的心脏。尽管如此，10世纪的巴格达郊外诞生了波斯数学家凯拉吉（约953～约1029），他在二项式系数（晚于印度人但略早于贾宪探讨了这个问题）、指数代数、线性方程组理论以及数学归纳法方面均有建树。1067年，巴格达创建了伊斯兰世界的第一所大学——尼采米亚大学，可是，却没有吸引像欧玛尔·海亚姆那样聪颖智慧的青年才俊。

大约在1048年，伊斯兰世界最具智慧象征的人物欧玛尔·海亚姆出生在伊朗东北部霍拉桑地区的古城内沙布尔，他的卒年是1131年。"海亚姆"是指制造或经营帐篷的职业，这说明他的父亲或祖辈是从事这项工作的。可能因为这个原因，他得以跟随父亲在各地漫游，先在家乡，后在阿富汗北部小镇巴尔赫接受教育，接着来到中亚最古老的城市撒马尔罕。海亚姆在当地一位有政治背景的学者庇护下，从事数学研究。

在欧几里得的《几何原本》里有用几何方法解形如 $x^3 + ax = b^2$ 的二次方程的例子，其中的一个解是 $\sqrt{(\frac{a}{2})^2 + b^2} - \frac{a}{2}$，它可以用圆规和直角三角形的毕达哥拉斯定理来求取：构筑两直角边分别为 $\frac{a}{2}$ 和 b 的直角三角形，在斜边上去掉长度为 $\frac{a}{2}$ 的线段之后，剩下部分的长度即为所求之解。三次方程的求解显然更为复杂，海亚姆考虑了14种类型的方程，他通过两条圆锥

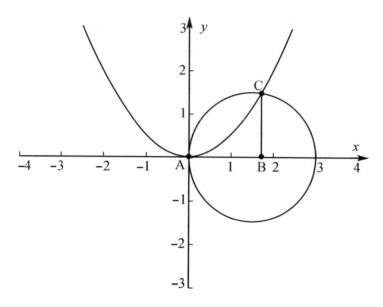

借助此图，海亚姆求得三次方程的解

曲线的交点来确定它们的根。

以方程 $x^3 + ax = b$ 为例，它可以改写成 $x^3 + c^2x = c^2h$，在海亚姆看来，这个方程恰好是抛物线 $x^2 = cy$ 和半圆周 $y^2 = x(h-x)$ 交点 C（如图）的横坐标 x，因为从后两式消去 y，就得到了前面的方程。于是，海亚姆完成了用圆锥曲线解三次方程开高次方根等数学发现，并依此完成了一部《代数学》。此外，他在证明欧几里得平行公设（第五公设）方面也做了非常有益的尝试。

也是在11世纪，一个叫塞尔柱的土耳其突厥人的王朝兴起，领土从伊朗和外高加索一直延伸到地中海，他们也是举着伊斯兰教的旗帜。后来，海亚姆在塞尔柱苏丹马利克沙的邀请之下来到首都伊斯法罕，主持新建天文台并进行历法改革。事实上，这是海亚姆的立足之本和生活的保障，而数学发现则是他的副业，他提出在平年365天的基础上，每33年增加8个闰日。这样一来，与实际的回归年仅相差19.37秒，即每4460年才误差一天，比现在全世界实行的公历还要准确，可惜因为领导人的更迭未能实施。

海亚姆在伊斯法罕度过了一生的大部分时光，伊斯兰教义、塞尔柱宫廷和波斯血统这三者在他身上交替呈现，时局动荡和个性的怪异使他的生活并不称心如意，他终生独居，并不时把头脑里那些不合时宜的思想，以流行在霍拉桑地区的四行诗为载体，悄悄地用波斯语记录下来。恐怕海亚姆自己也没有想到，八百年以后一位叫爱德华·菲尔兹杰拉德的英国人把他的诗翻译成英文，取名《鲁拜集》（意为四行诗），使他成为名扬世界的诗人，而他的数学发现则成为历史古董。例如，他在一首四行诗中这样叹息自己历法改革的夭折（《鲁拜集》第57首）：

> 啊，人们说我的推算高明
> 纠正了时间，把年份算准
> 可谁知道那只是从旧历中消去
> 未卜的明天和已逝的昨日

作为雅利安人的一支，伊朗人很可能是在公元前2000年到公元前1000年去往欧洲的那支印欧语系的中亚游牧民族的一部分，他们在西迁途中留了下来，"伊朗"一词的原意便是"雅利安人之乡"。那样一来，他们就与先前进入印度的那一支雅利安人同宗。不同的是，后者与被称作达罗毗荼人的原住民通婚，因此肤色变得黝黑。至于波斯（Persia）这个名字，则是由于伊朗中南部地区法尔斯（Fars）的古称为波尔斯（Persis），法尔斯的中心城市是有着"玫瑰花和诗人的城市"之誉的设拉子。

法尔斯是波斯的发祥地，波斯帝国的缔造者居鲁士大帝就出生在那里。公元前6世纪，他从故乡的一个小首领起家，打败了巴比伦等帝国，建立起了从印度到地中海的大帝国。居鲁士死后，他的一个儿子以及他的一个大

海亚姆的四行诗和插图　　　　　　　　伊朗发行的纳西尔丁纪念邮票

臣的儿子大流士继续扩张，把埃及也纳入帝国版图，以至于在那里游学的毕达哥拉斯被捕获到巴比伦，而帮助解破巴比伦楔形文字之谜的伊朗西部贝希斯敦石崖上所刻文字正是讲述大流士如何登上王位的一篇铭文。据说柏拉图学园被迫关闭以后，许多希腊学者跑到波斯，播下了文明的种子。

大不里士的纳西尔丁

在海亚姆过世约七十年（其间意大利的斐波那契和中国的李冶相继出世）以后，波斯的图斯城（也属霍拉桑省）又诞生了一位了不起的智者纳西尔丁（1201～1274）。图斯是当时阿拉伯的文化中心，哈伦·拉希德在此去世。纳西尔丁的父亲是位法理学家，他给儿子以启蒙教育，同城的舅舅则教他逻辑学和哲学。此外，他还学习代数和几何。后来，他来到海亚姆的故乡内沙布尔深造，跟随波斯哲学家兼科学家伊本·西拿（980～1037）的门徒学习医学和数学，逐渐成名。值得一提的是，伊

纳西尔丁的数学手稿

本·西拿的拉丁文名叫阿维森特，他在东方被尊为"卓越的智者"，在西方则被誉为"最杰出的医生"。

此时，蒙古大军正大举西进，阿拉伯帝国摇摇欲坠。为了求得一个安宁的学术环境，纳西尔丁受邀到几处要塞居住，写出了一批数学、哲学等方面的论著。1256年，成吉思汗的孙子、蒙哥大汗的胞弟旭烈兀征服了波斯北部，占领了纳西尔丁所在的要塞。没想到旭烈兀相当敬重纳西尔丁，邀请其入朝担任科学顾问。两年后，纳西尔丁又随他远征巴格达，那是一次残酷血腥的战争，宣告了阿拔斯王朝的最后灭亡。

长兄蒙哥去世后，四哥忽必烈继位，成了元世祖，旭烈兀被封为伊儿汗，从此便留在波斯，定都大不里士（伊朗西北部名城，邻近阿塞拜疆，以至于阿国也发行纳西尔丁的纪念邮票）。此前在旭烈兀的批准和资助下，纳西尔丁在城南建造了一座天文台。他广招贤士，著书立说，还制作了许多先进的观察仪器，使得大文台成为当时的重要学术中心。1274年，73岁的纳西尔丁出访巴格达，不幸患病逝世，被安葬在郊外。旭烈兀死在他前面，并且早已把整个波斯纳入版图，巴格达也不在话下。到他的孙子统治时期，伊儿汗国的领土"东起阿姆河，西至地中海，北自高加索，南抵印度洋"。

纳西尔丁一生勤于著述，留下的论著和书信无数，大多是用阿拉伯文书写，少数哲学逻辑学的用波斯文书写。据说他还懂得希腊语，个别论著中甚至出现了土耳其语。至于内容，涉及了当时伊斯兰世界的所有学科，其中尤以数学、天文学、逻辑学、哲学、伦理学和神学方面的影响较大。它们不仅在伊斯兰世界被奉为经典，也对欧洲科学的觉醒产生了影响，据说纳西尔丁制作的天文观察仪器还被带到了中国，并被同行借鉴。

纳西尔丁在数学方面的著作一共有三部。《算板与沙盘计算方法集成》主要讲算术，他继承了海亚姆的成果，将数的研究扩展到无理数等领域。书中采用了印度数码，谈到了帕斯卡尔（贾宪）三角形，还讨论了求一个数四次或四次以上方根的方法，成为现存的记载这种方法最早的论著。有意思的是，纳西尔丁得出了"两个奇数的平方和不可能是一个平方"这一重要的数论结论，这个结论的证明通常依赖于数论中的同余数理论。

更值得注意的是《令人满意的论著》，这部书讨论了几何学特别是欧几里得平行公设。纳西尔丁曾两次修订和注释《几何原本》，对平行公设做了较深入的探讨。纳西尔丁试图利用其他公理和公设证明平行公设，为此沿用了海亚姆的方法，假设一个四边形 $ABCD$，DA 和 CB 等长且均垂直于 AB 边，则 $\angle C$ 和 $\angle D$ 相等。他证明了，如果 $\angle C$ 和 $\angle D$ 是锐角，则可推出一个三角形的内角和小于180°，这正是罗巴切夫斯基几何的基本命题。

纳西尔丁最重要的数学著作是《横

用以证明平行公设的四边形

截线原理书》，这是数学史上流传至今最早的三角学专著。在此以前，三角学知识只出现于天文学的论著中，是附属于天文学的一种计算方法，纳西尔丁的工作使得三角学成为纯粹数学的一个独立分支。正是在这部书里，首次陈述了著名的正弦定理：

设A、B、C分别为三角形的三个角，a、b、c是它们所对应的边的长度，则

$$\frac{a}{\sin A} = \frac{b}{\sin B} = \frac{c}{\sin C}$$

在天文学方面，纳西尔丁的贡献同样卓著，这里就不多介绍了。据说他的两个儿子也在大不里士南郊的那座当时世界上最先进的天文台里工作，还有一个中国人，他的姓名和来历却无法查证了。据《元史》记载，元初曾有阿拉伯人在中国"造西域仪象"七件，有些仪器与纳西尔丁制作的颇为相象。同样，18世纪印度人在德里等地建造的几座天文台在外表和结构上也模仿了纳西尔丁的天文台。

撒马尔罕的卡西

伊斯兰教的魅力在于，穆斯林用武力夺取的领土可能在一段时间以后失去，但被征服的人民却大多数从此皈依伊斯兰教。伊朗或波斯便是一个典型的例子，自从640年由于与拜占庭帝国的战争付出高昂的代价而被阿拉伯人乘机征服后，这片土地几易其主，翻来覆去被不同的君王占领，可是，至今它的国徽和国旗上仍带有浓厚的伊斯兰意味。前者由弯月、宝剑和书籍组成，弯月和宝剑分别是伊斯兰教和力量的象征，高高在上的书籍则是《古兰经》。后者是蓝、白、红三色，在蓝和白、白和红之间均用波

卡西计算圆周率的手稿

斯语写满了"真主伟大"。

现在我们要谈谈古代阿拉伯世界（也是整个东方）最后一位重要的数学家和天文学家——卡西，人们常以他的卒年（1429）作为那个时代的终结。可是，卡西的生年却没有任何记载，他的活动最早见诸文献是在1406年6月2日，当时他在家乡卡尚观察了一次月食。卡尚位于伊朗中央山脉的东麓，位于故都伊斯法罕和首都德黑兰的铁路线中间。尽管卡西可能出身平凡家庭，但他与波斯前辈同行海亚姆和纳西尔丁一样，很早就得到了权贵人士的赏识。

14世纪末，成吉思汗的后裔、中亚细亚的瘸子帖木儿建立了帖木儿王国，定都撒马尔罕。他本是信仰伊斯兰教的蒙古支族突厥化了的部族成员，主要以其野蛮地征服从印度、俄罗斯到地中海的辽阔土地及王朝的文化成就载入史册。帖木儿打着重建蒙古帝国的旗号，所向披靡，直到埃及苏丹和拜占庭皇帝屈服纳贡以后，才返回撒马尔罕。虽然目不识丁，帖木儿却愿意与学者交往，并嗜好下棋，能够与第一流的学者讨论历史、伊斯兰教义和应用科学的各种问题。

1405年，正当帖木儿准备再度出发，率军远征中国（此时元朝早已灭亡），却因病去世了。他的孙子兀鲁伯不仅不尚武，且痴迷于天文学，通过自己的观测，发现了亚历山大的天文学家托勒密的多处计算错误。同时，兀鲁伯还写诗、研究历史和《古兰经》，并且是科学与艺术的积极倡导者和保护者。年轻时，他就在撒马尔罕创办了一所教授科学和神学的学校，不久又筹建了一座天文台，使撒马尔罕成为东方最重要的学术中心。

卡西的学术生涯与这位王子息息相关，他曾是一名医生，却渴望从事数学与天文学的研究。在长期的贫困与彷徨之后，他终于在撒马尔罕找到了一个稳定而体面的职位，那就是在兀鲁伯的宫殿里协助策划开展科学工作。卡西积极参与天文台的修建和仪器的装备，成为王子的得力助手，并且在天文台建成以后又出任了第一任台长。在《天的阶梯》等天文学著作里，卡西论述了星辰的距离和大小，介绍了浑仪等天文仪器，其中有的是他的独创。当然，历法改革也是不可缺少的。

在给父亲的一封信里，卡西极力称赞兀鲁伯渊博的知识、组织能力和数学才华。信中他还提到当时讨论科学时的自由空气，声称这是科学进步的必要条件。另一方面，兀鲁伯对待科学家非常宽厚，特别能谅解卡西对宫廷礼仪的疏忽，以及他所缺少的良好的生活习惯。在一部以这位王子自己名字命名的历法书的序言中他提到了卡西之死："卡西是一位杰出的科学家，是世界上最出色的学者之一。他通晓古代科学，并推动其发展，他能解决最困难的问题。"

卡西在数学上取得了两项世界领先的成就，一是圆周率的计算，二是给出sin 1°的精确值。在古代，对圆周率π的研究和计算，在一定程度上反映了这个地区或时代的数学水平，就如同今天对最大的素数的求取，代表了某个大公司甚或国家计算机研发的先进程度。1424年，在中国数学家

撒马尔罕的古城门

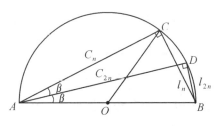

卡西利用此图计算π

祖冲之把 π 的精确值算到小数点后7位数962年之后，卡西终于打破了这项世界记录，他计算出

$$\pi = 3.\,141\,592\,653\,589\,793\,25$$

精确到了小数点后17位。卡西一直算到了正 3×2^{28} 边形的周长，直到1596年，荷兰的科伦才通过圆内接和外切正 60×2^{33} 边形，算出小数后20位。

最后，我们介绍卡西计算圆周率的方法。如图所示，设 $AB = d = 2r$ 是圆的直径，l_n（l_{2n}）是内接于圆的正 n（$2n$）边形的一边之长，则另外两条直角边 c_n 和 c_{2n} 有如下递推关系

$$c_{2n} = d\cos\beta = d\sqrt{\frac{1+\cos 2\beta}{2}} = \sqrt{r(2r+c_n)}$$

而由毕达哥拉斯定理

$$l_n = \sqrt{(2r)^2 - c_n^{\,2}}$$

类似地，可求得圆外切正多边形的边长。取两者的算术平均值作为圆周长，即可求得圆周率。与刘徽的割圆术相比，卡西利用了余弦函数的半角公式，这样只需计算一次根号就可倍增正多边形的边数。

结语

大约在1185年，婆什迦罗死于乌贾因。之后，印度的科学活动就逐渐走向衰落，数学上的进展也停止了。1206年，历时久远的德里苏丹国建立，印度开始接受穆斯林的统治。一个世纪之后，南方的一部分地区独立出去，接着又开始了旷日持久的争夺统治权的斗争。相比之下，波斯的数学兴起得晚，衰败得也晚。但在兀鲁伯于1449年被处死后不久（据说他自己的儿子是幕后策划人），尚武且内耗不断的萨非王朝接踵而至，波斯乃至整个阿拉伯数学的辉煌时代也随之宣告结束了。恰好这个时候，欧洲的文艺复兴之火在亚平宁半岛点燃了。

与埃及一样，早期印度拥有数学教养的人几乎全是僧侣，不然也是种姓地位较高的人，这与希腊的情况完全不同，后者的数学大门是对所有人敞开的。后来，印度数学家（马哈维拉除外）又多以天文学为职业，而对于希腊人来说，数学则是独立存在的，并且是为了它本身进行研究的，即所谓的"为数学而数学"。再次，印度人用诗的语言来表达数学，他们的著作含糊而神秘（虽然发明了零号），且多半是经验的，很少给出推导和证明。希腊人则表达得既清楚又富有逻辑性，并给出严格的证明。

相比之下，波斯人在几何学方面的才能稍强些（与希腊人仍无法相比），尤以海亚姆的三次方程几何解达到高峰。和印度人一样，阿拉伯数学家一般把自己看作天文学家，他们在三角学做出了较大贡献，前面论及的四位数学家均在天文学方面有重要建树。事实上，今天仍然沿用的许多星星的名字，如金牛座里的"毕宿五"、天琴座里的"织女一"、猎户座里的"参宿七"、英仙座里的"大陵

印度数学会纪念邮票

五"、大熊座里的"北斗六",其拉丁文译文都是阿拉伯文的音译。至于代数方面,阿拉伯的贡献也很大,在斐波那契的《算盘书》里,有许多问题出自花拉子密的《代数学》。

阿拉伯人之所以重视天文学,是因为他们需要知道祈祷的准确时间(每天五次),使广大帝国内的臣民在祈祷时能够明辨方向(面朝麦加)。为此,他们不仅花费巨资修建天文台,更招聘有数学才能的人到天文台工作。这些人的主要工作是充实天文数字表,同时改进仪器,修建观察台,这又带动了另一门科学——光学的发展。可以说,阿拉伯人对数学的需要主要是通过天文学、占星术和光学,除此以外,他们也是出色的商人,需要算计分配、继承产业、合伙分红,等等。因此,他们的工作偏重于代数,尤其是计算。

在数学史上,不仅印度数学经由阿拉伯人的创造之手传递到西方,古希腊的大部分著作也是如此,那是数学史上有名的翻译时代。就在前文提到的巴格达智慧宫里,包括欧几里得《几何原本》在内的数学著作被翻译成阿拉伯文,完好地保存了几个世纪以后,(在希腊原文被悉数焚毁之后)又被后来的欧洲学者翻译成了拉丁文,后一项工作主要是在阿拉伯帝国的西端——西班牙故都托莱多——完成的。遗憾的是,与中世纪的中国文明和印度文明一样,阿拉伯人的数学也讲究实效,加上前面提到的其他因素,这注定他们难以达到理论高度和可持续性发展。

最后,让我们比较一下东方智慧和希腊智慧的差异。20世纪法国哲学家雅克·马利坦(1882~1973)认为,印度人把智慧视为解放、拯救或神圣的智慧,他们的形而上学从未取得实践科学中纯粹思辨的形式;这与希腊智慧恰好相反,希腊人的智慧是人的智慧、理性的智慧,即下界的、尘世的智慧,它始于可感触的实在、事物的变化和运动,以及存在的多样性。不可思议的是,在神圣智慧的引导下,古代印度人对数学的要求反而简单实用;而在尘世智慧的助推下,希腊乃至于整个西方却追求逻辑演绎和完美,视数学为一种独立存在。

我希望画家应当通晓全部自由艺术，但我首先希望他们精通几何学。

——列昂·阿尔贝蒂

他几乎以神一般的思维，最先说明了行星的运动和图像，彗星的轨迹和大海的潮汐。

——牛顿墓志铭

罗马古道

从前我曾走过这条路
风景依然历历在目
隧道、小溪、葡萄园

铁道线照旧弯来曲去
同样是上上下下的乘客
只不过会说英语的人多了

亚平宁的雨落在窗玻璃上
时光犹如暮色中的炊烟
飘走了又被风吹回来

但那只是偶然的相聚
假如你遇见旧时的恋人
最好把她当成一次回忆

2005年10月，罗马——佛罗伦萨

欧洲的文艺复兴

中世纪的欧洲

正当东方的文明古国如中国、印度和阿拉伯在数学上做出新的贡献，欧洲却处于漫长的黑暗时代（诗人彼得拉克用了这个词）。这段历史起始于5世纪罗马文明的瓦解，结束的时间却说法不一，可以是14世纪、15世纪甚或16世纪，那也正是欧洲文艺复兴开始之时。这段长达一千年的黑暗时代被后来的意大利人文主义者称为中世纪，以便于突显他们自己的工作和理想，同时把所处的时代与之区别开来，从而与古典的希腊和罗马遥相呼应。

可是，在中世纪以前，希腊和罗马之外的欧洲民族并没有多少作为，至少在人类文明史上没有留下特别可以称道的业绩。而在此之后，希腊也没有复兴的迹象。因此，中世纪也好，黑暗时代也好，除了黑死病的流行以外，主要是针对意大利人而言，它们更多的是人文主义的学术用词。实际上，即使是在亚平宁半岛，那个时候的数学家景况也不算太糟。罗马教皇西尔维斯特二世（约945～1003）非常喜欢数学，并且他能够登基也与这个嗜好有关，可谓

教皇热尔贝

古罗马时期的西班牙首都托莱多
作者摄

是数学史上的一大传奇。

　　这位教皇本名热尔贝，出生在法国中部，年轻时曾旅居西班牙三年，在一座修道院学习"四艺"，那里由于受阿拉伯人统治而有较高的数学水平。后来他来到罗马，因数学才能得到教皇的赏识，并因此被引荐给皇帝，深得皇帝赏识，遂聘请他给太子当导师。以后的几任皇帝也非常器重他，直到任命他做了新教皇。据说他还做过算盘、地球仪和时钟，在他亲自撰写的著作《几何学》中，解决了当时的一个难题：已知直角三角形的斜边和面积，求出两条直角边。

　　大约就在热尔贝的时代，希腊数学和科学的经典著作开始传入西欧，那是科学史上有名的翻译时代。希腊人的学术著作在被阿拉伯人保存了数个世纪以后，完好无损地归还给了欧洲。如果说从希腊语译成阿拉伯语主要是在巴格达的智慧宫完成的话，那么从阿拉伯语到拉丁语的途径就比较丰富了：西班牙的古城托莱多（穆斯林败于基督徒后该城涌入了大量欧洲学者），西西里岛（曾经是阿拉伯人的殖民地），还有君士坦丁堡和巴格达的西方外交官。而在当年希腊学术中心的亚历山大等地，经过多年的战争洗劫，这些著作早已荡然无存。

这些翻译成拉丁文的著作，除了欧几里得的《几何原本》、托勒密的《地理志》、阿基米德的《圆的度量》和阿波罗尼奥斯的《圆锥曲线论》等希腊经典名著以外，还有阿拉伯人的学术结晶，如花拉子密的《代数学》，这些译作主要是在12世纪完成的。就在那个世纪里，经济力量的重心从地中海东部缓慢地移向西部。这种变化首先来自于农业的发展，种植豆类使得人类在历史上首次有了饮食的保证，人口因此迅速增长，这是导致旧的封建结构解体的一个因素。

到了13世纪，不同种类的社会组织在意大利层出不穷，包括各种行会、协会、市民议事机构和教会，等等，它们迫切希望获得某种程度的自治。重要法律的代议观念有了发展，终于产生了政治议会，其成员有权做出决定，对于选举他们的全体公民具有约束力。在艺术领域，哥特式建筑和雕塑的经典模式已经形成，文化生活方面则产生了经院哲学的方法论，这方面的杰出代表是圣托马斯·阿奎那（约1225～1274），上一章尾末提到的法国哲学家马利坦便是他的门徒，这位西西里岛出生的基督教哲学家从亚里士多德的理论中获得许多启示，保守的教徒们第一次面对科学的理性主义。

斐波那契的兔子

在相对开放的政治和人文氛围里，数学领域也不甘落后，出现了中世纪欧洲最杰出的数学家斐波那契（Fibonacci，约1170～约1250），他比婆什迦罗晚但比李冶早。斐波那契出生在比萨，年轻时他随政府官员的父亲前往阿尔及利亚，在那里接触到阿拉伯人的数学并学会了用印度数码计算，后又到了埃及、叙利亚、拜占庭和西西里等地，学习到了东

依阿基米德螺线排列的斐波那契数　　　　　　　　　　　宫廷数学家斐波那契

方人和阿拉伯人的计算方法，回比萨后不久，写成并出版了著名的《算经》。此书又名《算盘书》，这里算盘指用以计算的沙盘，而非算盘。

《算经》的第一部分介绍了数的基本算法，采用的是60进制，他引进了分数中间的那条横杠，这个记号一直使用至今；第二部分是商业应用题，其中包括中国的"百钱买百鸡"，看来张邱建提出的这个问题早就传到了阿拉伯世界；第三部分是杂题和怪题，其中尤以"兔子问题"引人注目，这个问题是这样的：由一对小兔开始，一年后可以繁殖成多少对兔子？其中规定：每对兔子每月能生产一对小兔，而每对小兔两个月大就成为可以繁殖的大兔。

依据"兔子问题"，后人得到了所谓的斐波那契序列：

$$1,\ 1,\ 2,\ 3,\ 5,\ 8,\ 13,\ 21,\ 34,\ \cdots$$

这个序列的递归公式（数学家发现的最早的递归公式之一）是

$$F_1 = F_2 = 1,\ F_n = F_{n-1} + F_{n-2}\ (n \geqslant 3)$$

有意思的是，这个整数序列的通项竟然为含有无理数$\sqrt{5}$的一个式子，即

$$F_n = \frac{1}{\sqrt{5}} \{ (\frac{1+\sqrt{5}}{2})^n - (\frac{1-\sqrt{5}}{2})^n \}$$

斐波那契序列有许多重要的性质和应用，例如，

$$F_n^{\ 2} - F_{n-1} F_{n+1} = 1$$

$$F_{n+1}^{\ 2} + F_n^{\ 2} = F_{2n+1}$$

$$F_{n+1}^{\ 2} - F_n^{\ 2} = F_{n-1} F_{n+2}$$

又如，当 $n \to \infty$ 时，

$$\frac{F_{n+1}}{F_n} \to \frac{\sqrt{5}+1}{2} \approx 1.618$$

这便与早年毕达哥拉斯从线段比例中提取出来的黄金分割率相联系。除了在许多数学分支中都能看见以外，斐波那契序列还可以帮助解决诸如蜜蜂的繁殖、雏菊的花盘和艺术美感等方面的问题。

大约在1220年，斐波那契受到到访比萨的神圣罗马帝国皇帝腓特烈二世的召见，国王的随从向他提出一系列数学难题，被他逐一解答了。其中有一道题是求解三次方程 $x^3+2x^2+10x=20$，斐波那契用逼近法给出了60进制的答案，其精确度居然到小数点后9位数。从那以后，他与这位酷爱数学的国王及其随从保持了长期的通信联系。（另一个说法是，他被国王聘请到宫里，成为欧洲历史上第一个宫廷数学家。）这位国王可谓是精力充沛，因为他同时还是西西里和德意志的国王。

斐波那契接下来写下的一部重要著作《平方数书》就是题献给腓特烈二世的，书中曾提出这样深刻的断言，$x^2 + y^2$ 和 $x^2 - y^2$ 不能全是平方数。这或许是第一本专论某类问题的数论专著，它奠定了斐波那契作为数论学家的地位，使他成为介于丢番图和17世纪法国人费尔马之间最有影响的数论学家。综观斐波那契的成就，他既在欧洲数学的复兴中起到先锋作用，

又在东西方数学的交流中起到桥梁作用。16世纪意大利最顶尖的数学家卡尔达诺这样评价他的前辈："我们可以假定，所有我们掌握的希腊以外的数学知识都是由于斐波那契的出现而得到的。"

从斐波那契留下来的画像来看，他的神韵颇似晚他三个世纪的同胞画家拉斐尔，他常常以旅行者自居。人们称他是"比萨的列奥纳多"，而把《蒙娜丽莎》的作者称为"芬奇的列奥纳多"。1963年，一群热衷研究兔子问题的数学家成立了国际性的斐波那契协会，并着手在美国出版《斐波那契季刊》（*The Fibonacci Quarterly*），专门刊登研究和斐波那契序列有关的数学论文。同时，又两年一度在世界各地轮流举办斐波那契国际大会。这在世界数学史上，也可谓是一个奇迹或神话了。

阿尔贝蒂的透视学

随着封建结构的瓦解，意大利城邦力量的增强，西班牙、法国和英国国家君主制的相继出现，以及世俗教育的兴起，新航路和新大陆的发现，哥白尼"日心说"的提出（哥伦布抵达新大陆时哥白尼正在克拉科夫大学读书，这座波兰中等城市在21世纪初曾同时居住着两位诺贝尔桂冠诗人——米沃什和申博尔斯卡），活字印刷术的发明和应用，等等，最后导致了一个具有全新精神面貌的新时代的诞生。这个时代回顾古典学术、智慧和价值观，从中汲取灵感，被称为"文艺复兴的时代"。

在文艺复兴时期，意大利人表现出这样一种人文主义理想，即人是宇宙的中心，他的发展能力是无限的。那时候的一部分人产生了一种信念，即人们应该努力去获得一切知识，并尽量发展自己的能力。于是，人们就在知识的各个方面，以及体格锻炼、社会活动和文学艺术等方面，探

人文主义者阿尔贝蒂

布鲁内莱斯基设计的建筑内景

求技能的发展。这样的人被称为文艺复兴人（Renaissance man）或全才（Universal man），这种理想最优秀的例证是集雕刻家、建筑师、画家、文学家、数学家、哲学家于一身的阿尔贝蒂（1404～1472），他同时还以马术和武术见长。

阿尔贝蒂是佛罗伦萨一位银行家的私生子，出生在热那亚，但少时即随父亲学习数学，很早就用拉丁文写出喜剧，后来又获得法学博士学位，并曾任罗马教廷秘书。阿尔贝蒂利用他掌握的几何知识，在历史上首次得到在平面木版上或墙壁上绘出立体场景的规则，这对意大利的绘画与浮雕起了立竿见影的效果，产生了准确、丰满、几何形的合乎透视画法的绘画风格。"一个人只要想做，他就能做成一切事情。"阿尔贝蒂说到做到了，"我希望画家应当通晓全部自由艺术，但我首先希望他们精通几何学。"

在阿尔贝蒂之前，佛罗伦萨诞生了一位伟大的建筑师布鲁内莱斯基（1377～1446），如今这座艺术之都最吸引游客的大教堂便是他的杰作。有一种说法，他自幼酷爱数学，为了运用几何才从事绘画，这样当然成不了大家，因此后来他变成了建筑师和工程师，但他是最早研究透视法的人。阿尔贝蒂正是与布鲁内莱斯基那样的前辈过从甚密才对透视法特别感兴趣，他创立的透视法的基本原理可以叙述如下：

> 在我们的眼睛和景物之间安插一张直立的玻璃屏板，设想光线从一只眼睛出发射到景物的每一个点上，那这些光线穿过玻璃时所有点的集合就产生一个截景。这个截景给眼睛的印象和景物应该一样，所以作画逼真的问题就是在玻璃（画布）上做出一个真正的截景。阿尔贝蒂注意到了，如果在眼睛和截景之间安插两片玻璃，则截景将有所不同；而如果眼睛从两个位置看同一个景物，玻璃屏板上的截景也将有所不同。

"无论何种情况下，"阿尔贝蒂问，"任意两个截景之间有什么样的数学关系？"这个问题是射影几何学的出发点。

除此以外，阿尔贝蒂还发现，在作画的某个实际图景里，画面上的平行线（除非它们与玻璃屏板或画面平行）必须相交于某一点。这个点就是没影点，它的出现成为绘画史上的一个转折点，那以前的画家很少能画得

阿尔贝蒂的透视图

阿尔贝蒂的没影图

阿尔贝蒂设计的教堂（1470），佛罗伦萨

那么精确，那以后的许多画家则都遵循这一原则，当然没影点本身不必出现在画面上。这个没影点的来历或存在的原因如下：实景上的任何两条平行线与观测点各自组成两个相交的平面，其交线与玻璃屏板的交点即没影点。正因为透视法和没影点这两项工作，使得阿尔贝蒂成为文艺复兴时期最重要的艺术理论家。

在阿尔贝蒂的所有工作中，他始终服务于当时佛罗伦萨流行的"有公民意识的人文主义"的社会观。例如，他写出了第一本意大利语文法，说明佛罗伦萨当地语言和拉丁语同样"正规"，因而可以用作文学语言；他还写出了一本密码学的先驱性著作，其中有已知的第一张频率表和第一套多字母编码方法。他最后写成的一篇对话录《论英才和家长》，视有所成就和为公众服务为美德，这充分体现了讲究公益精神的人文主义。据传记作家瓦萨里（1511～1574）描述，阿尔贝蒂死时"宁静而满足"。

达·芬奇和丢勒

在阿尔贝蒂年近50岁时，佛罗伦萨郊外的一座叫芬奇的村庄里诞生了文艺复兴时期最光辉灿烂的人物——列奥纳多·达·芬奇（1452~1519）。列奥纳多的母亲是个村姑，后来嫁给了一名工匠。而他的父亲则是佛罗伦萨一位公证人和地主，由于头几任妻子迟迟未能生育，本是私生子的他就被当作嫡生之子在家中抚养，接受了初等教育：阅读、写作和算术。据说列奥纳多是以学徒形式开始绘画的，他30岁以后一度专心于高等几何和算法，他画出《最后的晚餐》和《蒙娜丽莎》时分别是中年和晚年。

列奥纳多在艺术方面的成就每个人都知道，这里就不再提了，他的大名甚至帮助21世纪的一部悬疑小说成为世界性的畅销书。他认为一幅画必须是原形精确的再现，坚持数学的透视法可以做到这一点，称它是"绘画的舵轮和准绳"。大概正因为如此，20世纪的法国先锋派画家马塞尔·杜尚才会标新立异地画出长胡子的《蒙娜丽莎》。列奥纳多几何学方面的主要成就是，给出了四面体的重心的位置，即在底面三角形的

达·芬奇的名作《维特鲁威人》

达·芬奇塑像，法国安伯瓦兹

重心到对顶点的连线四分之一的位置上。然而，在求等腰梯形的重心问题上他却犯了错误，给出的两个方法中只有一个是正确的。

在艺术和数学以外，列奥纳多也成绩斐然。他观察大体，在笔记本上偷偷写下了"太阳是不动的"。虽然不尽准确，但可以说，他比哥白尼更早发现了"太阳中心说"，而与《圣经》上所讲的"神造日月，使之绕地而行"的结论相违背。鸟的飞翔给他以启示，在探讨了空气阻力以后，他设计出了第一台飞行器。今天有的动力学家认为，假使当时有轻燃料，他可能已经上天了。他还亲自解剖了三十多具尸体，试图弄清人体结构和生命的奥秘。但所有这些都半途而废，尽管如此，这些实践使他对绘画对象的观察更为精细。

同样是在15世纪，在欧洲的北方——德国巴伐利亚的纽伦堡，也出现了一位多才多艺的艺术家，一位文艺复兴式的人物，他就是阿尔布莱

丢勒自画像

特·丢勒（1471～1528）。丢勒的人文主义思想使其艺术具有知识和理性的特征，他一生大约有20年时间在荷兰、瑞士、意大利等地旅行或侨居，同时与比他稍微年轻的同胞宗教改革家马丁·路德（1483～1546）周围的人也有密切的联系。他创作的领域十分宽广，包括油画、版画、木刻、插图等，显而易见，他深谙阿尔贝蒂发明的透视法。

丢勒被认为是文艺复兴时期所有艺术家中最懂数学的人，他的著作《圆规直尺测量法》主要是关于几何学的，也顺便提到了透视法。书中谈到了空间曲线及其在平面上的投影，他还介绍了外摆线，即一个圆滚动时圆周上一点的轨迹。更有甚者，丢勒考虑到了曲线或人影在两个或三个相互垂直的平面上的正交投影。这个想法极其前卫，直到18世纪才由法国数学家蒙日发展出一门数学分支，叫画法几何，蒙日也因此在数学史上留名。

在丢勒于1514年创作的版画《忧郁》中，画面的前方有个左手扶额做沉思状的坐着的男子，背景里有一个四阶幻方，这个幻方（如下表，各行、列或对角线之和均为34）与我国南宋数学家杨辉著作中所引用的例子只是行列的次序不同而已。

16	3	2	13
5	10	11	8
9	6	7	12
4	15	14	1

幻方的出现无疑加重了画面的忧郁气氛，更有意思的是，幻方的最后一行中间两个数恰好组成了画作的完成年份，即1514。

一般来说，在绘画语言中，色彩更长于表现情感，线条更长于表现理

丢勒的版画《忧郁》

智。而德意志民族又常被认为是更富有理性思维，因而有德国画家擅长
使用线条的说法。无论正确与否，至少丢勒确实如此。他以其精密的线
描，更直接地表现出观察的精细和构思的复杂，他的丰富的思维与其热
烈的理想结合在一起，产生了一种独特的效果。除了绘画和数学以外，
丢勒还致力于艺术理论和科学著作的写作，包括绘画技巧、人体比例和
建筑工程，他还亲自为这些书制作插图。

微积分的创立

近代数学的兴起

虽说文艺复兴时期的艺术家们对数学有着独到的见解，但数学的复兴乃至近代数学的兴起要到16世纪。新数学的推进首先从代数学开始，例如，三角学从天文学中分离出来、透视法产生射影几何、对数的发明改进了计算，但主要的成就应是，三次和四次代数方程求解的突破和代数的符号化。花拉子密的《代数学》译成拉丁文之后，在欧洲广为流传并被用作教科书，但人们还以为三次或四次方程就像希腊的三大几何问题一样困难。就在世纪交替之际，意大利诞生了两位解答这类问题的人物：塔尔塔利亚和卡尔达诺。

塔尔塔利亚（1499～1557）本名丰塔纳，他出生在米兰附近的一个邮差家庭，幼年丧父，并被法国兵砍伤脸部而引起口吃，故而得此诨名（塔尔塔利亚意为口吃者）。成年以后，他在威尼斯谋得一份数学教职，宣称能解出没有一次项或二次项的所有三次方程，即 $x^3+mx^2=n$ 和 $x^3+mx=n(m,n>0)$。对此博洛尼亚大学一位教授表示怀疑，他派了一位学生前来向他公开挑战，结果塔尔塔利亚获胜，因为对手只会解缺少二次项的那一类方程。

1539年，一位在米兰行医的数学爱好者卡尔达诺（1501～1576）以仰慕者的身份邀请塔尔塔利亚到家中做客三天。塔尔塔利亚酒饱饭足之后，在卡尔达诺发誓保密的情况下，以暗语般的25行诗歌形式说出了三次方程的解法。没想到几年以后，卡尔达诺出版了一本书《大法》，却将这种方法公之与众，引起了轩然大波，两位顶尖数学家之间发生了一场激战。按照这本书里所写的，原来塔尔塔利亚的解法是这样的，考虑到恒等式

$$(a-b)^3 + 3ab(a-b) = a^3 - b^3$$

选取适当的 a，b 使之满足

$$3ab = m, \ a^3 - b^3 = n$$

则 $a-b$ 就是方程 $x^3 + mx = n$ 的解答，而这后一组方程的解 a 和 b 不难求出如下，

$$\{\pm\frac{n}{2} + \sqrt{(\frac{n}{2})^2 + (\frac{m}{3})^3}\}^{\frac{1}{3}}$$

这就是人们所说的卡尔达诺公式。不过，他在书中说明了这个解法是由塔尔塔利亚发明的。除此以外，卡尔达诺还考虑了 $m < 0$ 的情形，给出了同样完整的解答。而对于缺少一次项的那类三次方程，他可以通过变换转化成上述情形。

　　殊为难得的是，《大法》还给出了四次方程的一般解法，不过这也不是卡尔达诺给出的，而是他的仆人费拉里解出的。费拉里（1522～1565）出身贫寒，15岁到卡尔达诺医生家为仆，主人看他聪明好学，便教他数学。果然，费拉里找到了将四次方程转换为三次方程的方法，因而成为第一个解破四次方程的数学家。他还代替师傅接受塔尔塔利亚的公开挑战，这回比赛地点改在米兰，获胜的一方不再是塔尔塔利亚。费拉里出名后，很快富有并做了博洛尼亚大学数学教授，可惜43岁那年即死于白砒霜中毒，据称是他寡居而贪财的姐姐所为。由于五次和五次以上代数方程之不可解性直到19世纪才由挪威数学家阿贝尔给出

卡尔达诺医生

律师兼政客韦达

证明，因此在很长一段时间，这几位意大利人的工作和故事一直被同行们津津乐道。

从以上叙述可以看出，虽然塔尔塔利亚和费拉里解决具体问题的能力或许较强，但卡尔达诺所扮演的角色更为重要，他是那种欧几里得式的人物。这样的人物在16世纪的法国也有一位，那就是韦达（1540~1603）。韦达被认为是第一个引进了系统的代数符号，并对方程论做出了贡献的人。今天中学数学教程有韦达公式，即一元二次方程 $ax^2 + bx + cx = 0$ 的两个根 x_1, x_2 与系数之间的关系

$$x_1 + x_2 = -\frac{b}{a}, x_1 x_2 = \frac{c}{a}$$

韦达是律师和政客出身，他曾利用自己的数学才华，破译了与法军交战的西班牙国王的密令。韦达在政治失意期间潜心数学研究，他从丢番图的著作中获得了使用字母的想法。韦达后来被誉为代数符号学之父，虽然他本人启用的符号大多被取代，例如，他曾经用辅音字母表示已知数，

元音字母表示未知数，并用 ~ 表示减号。在今天数学书中被广泛使用的符号体系中，有15世纪引入的加号（＋）、减号（－）和乘幂表示法，16世纪引入的等号（＝）、大于号（＞）、小于号（＜）、根号（√），17世纪引入的乘号（×）、除号（÷）、已知数（a、b、c）、未知数（x、y、z）和指数表示法，等等。

解析几何的诞生

进入17世纪以后，各式各样的数学理论和分支就像雨后春笋般地茁壮成长，我们不可能仔细分析了，甚至不得不错过一些比较重要的数学家。下一个我们要谈论的对象是法国数学家德扎尔格（1591 ~ 1661），正是他回答了阿尔贝蒂提出的有关透视法的数学问题，并建立起射影几何学的主要概念，他本人也成为这门数学分支的奠基人。德扎尔格本是军人出身，后来以工程师和建筑师为职业谋生，而在梅森神甫组织的巴黎数学沙龙里，他赢得了年轻的数学家笛卡尔、帕斯卡尔等人的尊敬。

德扎尔格对几何学的一大贡献是，他提出了无穷远点的概念，从而使两条直线平行和相交完全统一（平行即相交于无穷远点，这对第七章讲到的非欧几何学非常重要），进而得出同一平面上的两条直线必相交的结论，这是射影几何学赖以建立的基本观点。此外，他只关心几何图形的相互关系，而不涉及度量，这也是几何学的一种新思想。所谓德扎尔格定理是这样说的：假如平面或空间的两个三角形的对应顶点的连线共点，那么它们的（三组）对应边（延长线）的交点共线。

如果从画家们的角度出发，这个定理可以这样叙述：假如两个三角形可以通过一个外部的点透视地看到（恰好处于锥体的两个不同截面），则当

德扎尔格定理

依据德扎尔格曲线设计的时装秀

它们没有两条对应边平行时，对应边的交点共线。事实上，那个世纪的几何学研究主要是沿着两条方向突破的，一条就是德扎尔格所走的路线，可谓是几何方法的一种综合，但却是在更一般的情况下进行的；另一条道路更加辉煌，就是利用代数的方法来研究几何，即笛卡尔建立起来的解析几何。

从本质上讲，近代数学就是关于变量的数学，这也是它与古代数学的区别所在，后者是关于常量的数学。文艺复兴以来资本主义生产力的发展，对科学技术提出了全新的要求。例如，机械的普遍使用引发了对机械运动的研究，由贸易带动的航海业的发展要求更精确和便捷地测定船舶的位置，那需要研究天体运动的规律，而武器的改进则刺激了弹道问题的研究。所有这些问题表明，对运动和变化的研究已成为自然科学研究和数学研究的中心问题。

变量数学的第一个里程碑是解析几何的发明。作为几何学的一个分支，解析几何的基本思想是在平面中引进坐标的概念，因此它又被称为坐标几何。所谓坐标是通过坐标系赋予的，后者是这样建立起来的，设A、B是平面上任意两条相交直线，其交点O称为原点，A和B称为坐标轴，在A轴和B轴方向确立单位坐标以后，坐标系就建立起来了。每一对有序实数（x, y）便对应于坐标平面上的一个点，反之亦然。

用解析几何的方法，我们可以将任何一个形如

$$f(x, y) = 0$$

的代数方程（通过方程的解）与平面上的一条曲线对应起来。这样一来，几何问题也就可以归结为代数问题，再通过对代数问题的研究可以发现新的几何结果。另一方面，代数问题也有了几何意义的解释。

虽说14世纪的法国数学家奥雷斯姆（约1320～1382）借用"经度"和"纬度"这两个地理学术语来描绘他的图形，16世纪比利时出生的荷兰地理学家麦卡托（1512～1594）更是利用相互直交的经纬线，绘制出有史以来第一本地图册。说到地图册（Atlas），这个词就是由麦卡托率先使用的，他精通那个时代的数学和物理并能应用自如，他还是一位出色的雕刻师和书法家。可是，以上提到的两位均未有数和形相对应的概念。解析几何的真正发明应该归功于另外两位法国数学家——笛卡尔和费尔马。

必须指出的是，无论是笛卡尔还是费尔马，他们最初建立的都是斜坐标系，而只是把直角坐标系（即 A 和 B 相互垂直，A 是水平的，B 是竖立的）作为一种特殊情况（也都提到了三维坐标系的可能性）。那以后，人们习惯于称直角坐标系为笛卡尔坐标系，但这不等于说笛卡尔的工作比费尔马更早或更高明。他们研究坐标几何的方法不同之处在于，笛卡尔背离了希腊的传统，并发现了代数方法的威力，而费尔马则认为自己的工作只是重新表述了阿波罗尼奥斯的工作。费尔马在强调轨迹的方程和用方程表示曲线的思想方面无

笛卡尔坐标系

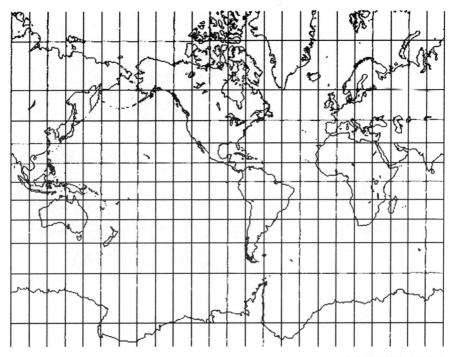

麦卡托绘制的世界地图

疑更为明显，他直接给出了直线、圆、椭圆、抛物线、双曲线等方程的现代
形式。

　　虽然笛卡尔和费尔马发明解析几何的方式和目的不尽相同，但他们却卷
入了优先权之争。1637年，笛卡尔以其哲学著作《方法论》附录的形式发表了
《几何学》，其中包括了解析几何的全部思想。而费尔马虽然早在1629年就已
经发现了坐标几何的基本原理，却一直到死（1665）都没有发表（他的其他许
多数学发现也是一样）。幸好他们都是法国人，这个矛盾才不至于闹得太大。
但费尔马生前得到了帕斯卡尔的支持，而德扎尔格则站在笛卡尔一边。

　　笛卡尔和费尔马建立的坐标系并不是唯一的坐标系，1671年，也即费尔
马的坐标几何发表两年之后。英国的牛顿（1642～1727）也建立起了自己的
坐标系——极坐标系，用现代的数学语言来表达就是，给定一个平面，设O是

《方法论》扉页，注明《几何学》作为附录三　　　　　　　　近代哲学之父笛卡尔

平面上的一点，A是从O点出发的一条半直线，则平面上任何一点B可以通过点O到B的距离r，以及OB与OA的夹角θ来确定。有序数组（r，θ）就称为B点的极坐标。中学里我们已经知道，有些几何图形用极坐标比笛卡尔坐标表现更为简单，如阿基米德螺线、悬链线、心脏线、三叶或四叶玫瑰线，等等。

微积分学的先驱

　　解析几何不仅把代数方法应用于几何，也把变量引入了数学，为微积分的创立开辟了道路，但真正起关键作用的还是函数概念的建立。1642年，即笛卡尔发表解析几何五年以后，牛顿出生在英格兰林肯郡的一个小村庄，那年伽利略恰好去世。身为遗腹子的牛顿并非神童，但他爱读课外书，并从中学起开始记笔记（这很重要，后来的高斯也有这个习惯）。有意思的是，牛顿将这些笔记本称为"废书"（waste book），后来又被他带到剑桥大学用作记录力学和数学的笔记，包括微积分和万有

引力在内的研究心得都在其中。

　　大约在牛顿22岁那年，他开始在"废书"中记录有关微积分的工作，他一直用"流量"（fluent）一词来表示变量之间的关系。比他稍晚的德国数学家莱布尼茨（1646～1710）则率先用"函数"（function）一词来表示任何一个随着曲线上的点的变动而变动的量，至于该曲线本身，莱布尼茨认定是由一个方程式给出的。值得一提的是，用记号$f(x)$来表示函数是由瑞士数学家欧拉在1734年引进的，那时函数已是微积分学的中心概念。

　　其实，微积分特别是积分学的思想萌芽，可以追溯到古代。前文已经谈到，面积、体积的计算自古以来一直是数学家们感兴趣的问题，在古代希腊、中国和印度的著述中，不乏用无限小过程计算特殊形状的面积、体积和曲线长的例子，其中包括阿基米德和祖冲之父子，他们成功地求出了球的体积；芝诺的悖论则表明，一个普通的常量也可以无限划分。微分学方面，阿基米德和阿波罗尼奥斯分别讨论过螺线和圆锥曲线的切线，但这些都只是个别的或静态的。微积分的创立，主要还是为了解决17世纪面临的科学问题。

　　17世纪前半叶，欧洲接连取得了天文学和力学领域的重大进展。首先是荷兰一位眼镜制造商发明了望远镜，得知这一消息的意大利人伽利略（1546～1642）迅速造出了高倍的望远镜。他用望远镜发现了太阳系许多不为人知的秘密，从而证实了15世纪波兰天文学家哥白尼（1473～1543）的"日心说"是正确的，但这一成就给他带来的却是一系列的灾难，教会的审讯和迫害导致他双目失明，郁郁寡欢而亡。与此同时，比他小七岁的德国天文学家开普勒（1571～1630）在获取丹麦前辈同行第谷（1546～1601）的观察数据后，用更精确的数学推导证明了"日心说"。

天文学家哥白尼

物理学家伽利略

　　哥白尼也好，第谷也好，都以为行星的轨道是圆的（伽利略也未曾否定），开普勒的第一行星运动定律却认定："行星运动的轨道是椭圆，太阳位于该椭圆的一个焦点上。"他的另外两大运动定律也充分显示其数学才华（应在伽利略之上），"由太阳到行星的矢径在相等的时间内扫过的面积相等"，"行星绕太阳公转周期的平方，与其椭圆轨道的半长轴的立方成正比"。幸好，伽利略在他的前半生，即16世纪后期发明了自由落体定律（$s = \frac{1}{2}gt^2$）和惯性定律，加上他是科学实验方法的开启者，他的成就才没有落在开普勒后面。

　　无论是开普勒的出生地（斯图加特附近），还是他后来的居住地（布拉格），都不是欧洲文明的中心，这使得他的工作没有引起足够的重视，同时也避免了伽利略曾遭受过的宗教迫害。但这不等于说他的生活就幸福了，事实上，他是个体弱多病的早产儿，一个不幸婚姻的后代，自己也经历了两次糟糕的婚姻。幸亏有了数学和天文学的安慰。由于受毕达哥拉斯和柏拉图的影响，他相信天空"数学和谐"的观念，因此执意要找到行星运动的规律。据说有一次他上街买东西，对商人们粗糙地估计酒桶的体积十分不满，发奋找到了旋转体的体积求法，从而把阿基米德发明的球体积公式做了一般的推广。

开普勒所用的方法正是积分学中的微元法，用现代数学语言来说，就是用无数无限小的元素之和去确定曲边形的面积和旋转体的体积。相比之下，伽利略的门徒、意大利人卡瓦列利（1598～1647）对数学的研究更为专一，他一生的主要成就就是发展了所谓的"不可分量"理论，即线、面、立体分别是由无限多个点、线和平面组成。不过，卡瓦列里也仅能求出幂函数 x^n 的定积分，这里 n 必须是正整数。英国数学家沃利斯则考虑了把 n 换成分数 p/q，但他仅得到了 $p=1$ 时的结果。从年龄上看，沃利斯已经是牛顿最接近的前辈了。

另一方面，沿着微分学的路线追溯，我们也可以列举三位前辈的工作，他们是笛卡尔、费尔马和巴罗（1630～1677）——牛顿的老师。笛卡尔和巴罗尝试了求一般曲线的切线，分别采用了被后人称作"圆法"的代数方法和"微分三角形"的几何方法，费尔马则是在求函数的极值时采用了微分学的方法，唯一的差别是符号的不同。实际上，他已经意识到，用这种方法可以求出切线，但因为是在写给梅森神甫的信里，故只是意味深长地说了句："我将在另外的场合论

开普勒认定行星的运动轨道是椭圆

比萨斜塔和传说中的自由落体实验

布拉格的第谷和开普勒塑像

述。"可以说，费尔马是上述诸位最接近成功的一位，现在，该轮到牛顿和莱布尼茨建功立业了。

牛顿和莱布尼茨

前文已提及17世纪面临新的科学问题，这与微积分的关系非常密切。例如，曲线的切线既可以用来确定运动物体在某一点的运动方向，也可以求出光线进入透镜时与法线的夹角；而函数的极值既可以用来计算炮弹最大射程的发射角，也可以求得行星离太阳的最近和最远的距离。此外，还有这样一个问题：已知物体移动的距离可表示为时间的函数，求该物体在任何时刻的速度和加速度。可以说，正是这个并不复杂的动力学问题及其逆问题促使牛顿创立了微积分。

牛顿建立微积分的方法被称为"流数法"，他在剑桥大学上学时便开始酝酿，在回家乡林肯郡躲避鼠疫的两年时间里取得了突破。据牛顿本人自

牛顿的苹果树。作者摄于剑桥

述，他是在1665年11月发明"正流数术"（微分学），次年5月发明了"负流数术"（积分学）。也就是说，牛顿与之前所有的探求微积分学的同行们不同，他把微分和积分作为矛盾的对立面一起考虑并加以解决（他的竞争者莱布尼茨也是如此）。有意思的是，从"废书"中我们得知，牛顿虽在剑桥受教于巴罗，却更多地受到在牛津执教的沃利斯和笛卡尔的影响（倒是远在巴黎的莱布尼茨吸取了巴罗工作的精华）。

　　1669年，回到剑桥的牛顿在朋友们中间散发了题为《运用无穷多项方程的分析学》的小册子（此前他曾从运动学的角度出发作过类似的探讨），像那个时候的其他学者一样，他是用拉丁文写成的。牛顿假定，有一条曲线 y，它的下方面积是

$$z = ax^n$$

其中 n 可以是整数或分数。给定 x 的无限小增量叫 o，由 x 轴、y 轴、曲线和 $x+o$ 处的纵坐标围成的面积，他用 $z+oy$ 表示，其中 oy 是面积的增量。那么，

$$z + oy = a(x+o)^n$$

利用他自己发明的二项式展开式，上述右式是一个无穷级数。将这个公式与前面的公式相减，用 o 除方程的两边，略去仍然含有 o 的项，就得到

$$y = nax^{n-1}$$

用现代的数学语言讲就是，面积在任意 x 点的变化率是曲线在 x 处的 y 值；反之，如果曲线是 $y = nax^{n-1}$，那么，在它下面的面积便是 $z = ax^n$，这正是微分学和积分学的雏形。两年以后，牛顿在一本《流数法和无穷级数》的书里给出了更广泛而明确的说明。他把变量叫作流（fluent），变量的变化率叫作流数（fluxion），"流数法"一说由此而来。

与此同时，牛顿也将他的正、反流数术应用于切线、曲率、拐点、曲

三一学院礼拜堂内的牛顿塑像
作者摄于剑桥

牛顿自存的《自然哲学的数学原理》初版扉页，
有他的修改笔迹

线长度、引力和引力中心等问题的计算。可是，牛顿也像费尔马一样不愿意发表结果，上述小册子是在友人的反复催促下才在1711年发表出来的，而那本流数法的书则是在他死后的1736年才正式出版。即使较早问世的《自然哲学的数学原理》（1687），也因披上了几何的外衣，没有被学术界及时认可。但这不妨碍此书成为近代最伟大的科学著作（那时自然哲学与自然科学几乎没有区别），因为仅仅万有引力定律的建立和开普勒三大行星定律的严格数学推导就足以流芳百世了。

相比之下，莱布尼茨的微积分虽然发明得比牛顿晚，却发表在先（1684和1686），因此才引发了一场旷日持久的优先权之争。与牛顿流数术的运动学背景不同，莱布尼茨则是从几何学的角度出发。确切地说，他最初（1673）是从帕斯卡尔的一篇谈论圆的论文获得灵感。如图所示，在曲线 C 上任意一点 P 上作

莱布尼茨的微分学原理

一个特征小三角形（斜边与切线平行），再利用相似三角形的边长比例关系推导可得

$$\frac{\mathrm{d}s}{n} = \frac{\mathrm{d}x}{y}$$

这里 n 表示曲线 C 在 P 点的法线，由此求和即得

$$\int y\,\mathrm{d}s = \int n\,\mathrm{d}x$$

不过，由于当时他是用语言而不是公式来描述的，因此较为模糊。四年以

后，莱布尼茨才在一篇手稿中明确陈述了微积分基本定理。

另一方面，早在1666年，莱布尼茨就在《组合艺术》一文中考察过下列平方数序列，

$$0, \ 1, \ 4, \ 9, \ 16, \ 25, \ 36, \ \cdots$$

其一阶差和二阶差分别是1，3，5，7，9，11，…和2，2，2，2，2，…莱布尼茨注意到一阶差的和对应于原序列，求和与求差成互逆关系。由此他联想到微分与积分的关系。利用笛卡尔坐标系，他把曲线上无穷多个点的纵坐标表示成y的序列，相应的横坐标的点就是x的序列。如果以x作为确定纵坐标的次序，再考虑任意两个相继的y值之差的序列，莱布尼茨惊喜地发现："求切线不过是求差，求积不过是求和！"

接下来的进展并不顺利，莱布尼茨从离散的差值逐渐过渡到任意函数的增值，1675年他引进了十分重要的积分符号"$\int$"，次年他得到了幂函数的微分和积分公式。至于莱布尼茨的微积分基本定理，用现代数学语言描绘是这样的：为了求出在纵坐标为y的曲线下方的面积，只需求出一条纵坐标为z的曲线，使其切线的斜率为$\dfrac{dz}{dx}=y$。如果是在区间$[a, b]$上，由$[0, b]$上的面积减去$[0, a]$上的面积，即得到

$$\int_{a}^{b} y\,dx = z(b) - z(a)$$

由于众所周知的原因，这个公式也被称作牛顿-莱布尼茨公式。

有意思的是，莱布尼茨对数学最初的热情来自于一种政治野心。那时候，德意志就像两千多年前中国的春秋战国时期那样，处于诸侯割据状态。有一年夏天，莱布尼茨在一次旅途中遇到了美因茨选帝侯（有权选举

罗马皇帝的诸侯，美因茨因为谷登堡在那里发明活字印刷术闻名遐迩）的前任首相。这位睿智而开明的首相尽管已经卸职，仍有着巨大的影响力，他对这位学识渊博、谈吐幽默的年轻人印象深刻，并把他推荐给了主子。

其时，法国已成为欧洲的主要力量，太阳王路易十四的势力如日中天，随时可能进犯北方邻国。有鉴于此，身为选帝侯法律顾问助手的莱布尼茨不失时机地献上一条锦囊妙计。这条妙计是：用一个让法国征服埃及的诱人计划去分散路易十四对北方的注意力。随后，26岁的莱布尼茨便被派往巴黎，在那里度过了四个年头。虽说那时笛卡尔、帕斯卡尔和费尔马均已过世，但莱布尼茨却幸运地遇到了荷兰来的数学家惠更斯（1629～1695），后者也是钟摆理论和光的波动学说的创立者。

莱布尼茨很快意识到自己在科技落后的德国所受教育的局限性，因此虚心地学习，其中对数学的兴趣尤甚，并得到了惠更斯的悉心指导。由于莱布尼茨的勤奋和天赋，也由于那个时代的数学基础十分有限，当他离开巴黎的时候，已经完成了主要的数学发现（原先的计划则被搁置脑后）。他先是发明了二进制，接着改进了帕斯卡尔的加法器，制造出了第一台可用乘除和开方的计算机。当然，他最重要的贡献无疑是在无穷小的计算方面，即微积分学的发明。

帕斯卡尔的加法器

莱布尼茨的计算机

这是科学史上划时

代的贡献，正是由于这一发明，使得数学开始在自然科学和社会生活中扮演极其重要的角色，同时也给后来喜欢数学的人提供了成千上万的工作岗位，就如同20世纪电子计算机的出现一样。除此以外，莱布尼茨还创立了形式优美的行列式理论，并把有着对称之美的二项式理论推广到任意个变量上。最让我们感到愉悦的可能要数他27岁那年（1673）在伦敦旅行期间所发现的圆周率的无穷级数表达式，即

$$\frac{\pi}{4} = 1 - \frac{1}{3} + \frac{1}{5} - \frac{1}{7} + \cdots\cdots$$

有了这类公式，自古以来对圆周率的精确计算的人为竞争便永远结束了。

莱布尼茨从伦敦返回巴黎不久，他的赞助人便去世了，他多次申请法国科学院和外交官职位未果，只好以家庭教师身份谋生。1676年10月，30岁的莱布尼茨接受了不伦瑞克公爵的邀请，北上汉诺威担任公爵府的法律顾问兼图书馆馆长，并在那里度过余生。莱布尼茨继续潜心研究数学、哲学和科学，成果斐然，并成了欧洲诸多皇室的座上宾。

牛顿的竞争对手莱布尼茨

莱布尼茨骨冢。作者摄于汉诺威

最后，我想谈谈数学传承（并非师徒意义上的），这与艺术家之间的心灵感应或启迪是一样的。如同欧拉悉心研究了费尔马的数学遗产，莱布尼茨也对帕斯卡尔的工作尤为关注。他创立微积分的最初灵感来自于帕斯卡尔的特征三角形，他的可用乘除和开方的计算机也是对帕斯卡尔加法器的改进；帕斯卡尔三角形是针对两个变量的二项式系数，莱布尼茨则将其推广到任意多个变量上。而在哲学和人文领域，莱布尼茨也追随着帕斯卡尔的脚印，两人甚至都终生未婚。

结语

12 世纪以来，欧洲人通过阿拉伯人，从中国人那里学来了如何造麻纸和绵纸，以取代羊皮纸和草皮纸。大约在 1450 年，谷登堡（1400 ~ 1468）发明了活字印刷术。从此，数学、天文学方面的著作开始大量印刷出版了。1482 年，拉丁文版的《几何原本》首次在威尼斯付印。此外，还从中国引进了指南针和火药，前者使得远洋航行成为可能，后者改变了战争的方式和防御工事的结构、设计，使得研究抛射体的运动变得十分重要。

在大量希腊著作传入的同时，古希腊人的生活风尚也在欧洲尤其是意大利传播开来。例如 ，对大自然的探讨、理性的崇尚和依赖、物质世界的享受、力求身心的完美、表达的欲望和自由，等等。这其中，艺术家们最先表示出对自然界的兴趣，并最先认真地运用希腊人的学说，即数学是自然界真实的本质。他们通过实践来学习数学，尤其是几何学，因此产生了阿尔贝蒂、达·芬奇等文艺复兴式的人物。阿尔贝蒂对数学的兴趣和研究还直接导致了一门数学分支——射影几何学——的诞生。

由于演绎推理的广泛应用，自然科学变得更加数学化，越来越多地使法国邮票上的帕斯卡尔   帕斯卡尔的《思想录》

用数学术语、方法和结论。与此同时，随着各门科学与数学的进一步融合，它们自身的发展进程也越来越快。从伽利略到笛卡尔，都认为世界是由运动的物质组成的，科学的目的是为了揭示这些运动的数学规律，牛顿的三大运动定律和万有引力定律便是这方面最好的范例。

　　而微积分作为欧几里得几何学之后全部数学中最重要的创造，它的出现有着深刻的社会背景。首先，它是为了处理和解决17世纪几个主要的科学问题，包括物理学、天文学、光学和军事科学；其次，它也是数学内部发展的需要，例如求解曲线的切线问题。与此同时，随着解析几何的出现，变量进入了数学，使得运动和变化的定量表述成为可能，从而为微积分的创立奠定了基础。

　　伟大的数学是由伟大的数学家创立的，17世纪也因此成为"天才的世纪"（英国哲学家怀特海语）。可以说，在人类文明的发展史上，17世纪起着非常关键的作用和影响，究其原因，数学的拓展和深入起到了主要作用，尤其是微积分和解析几何的诞生。另一方面，继古希腊之后，数学与哲学又一次相遇，产生了多位文理贯通的大思想家，如笛卡尔、帕斯卡尔、莱布尼茨，可以说书写了一段辉煌的历史篇章。

　　这里我想谈谈笛卡尔和帕斯卡尔这两位法国人的成长经历。他们俩（还有费尔马）都出生在外省，都幼年丧母，从小体弱多病。幸好他们的父亲为子女提供了良好的教育，但他们对数学的兴趣却完全是自发的。从未受过相关训练的帕斯卡尔在12岁那年推导出几何学中的一条公理，即三角形的三个内角和等于两个直角。之后，业余数学家的父亲才开始教他欧几里得几何。而笛卡尔是在荷兰当兵期间，看到军营黑板报上的数学问题征解才对数学产生兴趣的。

　　在完成主要的数学和科学发现之后，笛卡尔和帕斯卡尔都不愿享受这些发现带来的荣誉，他们不约而同地把对数学和科学的兴趣转向精神世界。笛卡尔写出了《方法论》、《论世界》、《沉思录》和《哲学原理》；帕斯卡尔则留下了《致外省人书》和《思想录》。不同的是，由于伽利略的受审和被判定罪，使笛卡尔更多地沉湎于形而上学的抽象，这对哲学有利而对科学不利；而帕斯卡尔由于笃信宗教和爱情的缺失，字里行间蕴涵了更多的虔诚和情愫，为法国乃至世界文学史增添了迷人的篇章。

　　笛卡尔是把哲学思想从传统哲学的束缚中解放出来的第一人，后辈尊其为"近代哲学之父"。作为彻底的二元论者，笛卡尔明确地把心灵和肉体区分开来，其中心灵的作用如同其著名的哲学命题所表达的——"我思，故我在"。这是哲学史上最有力的命题之一。因为在此以前，包括毕达哥拉斯在内的古希腊先贤都认为，世界是由单一物质组成。相比之下，帕斯卡尔对人类的局限性有着充分的理解，他很早就意识到人类的脆弱和过失。对他来说，无穷的小或无穷的大都让他感到惊诧和敬畏，他的数学发现也是在有限的空间里得到的。

　　这里我想说说帕斯卡尔三角形和数学归纳法，虽说印度人、波斯人和中国人等早就发现了这个整数三角形的许多有趣的性质，但帕斯卡尔却第一个用数学归纳法给出了严格的证明，例如，n行第k个元素与第$k+1$个元素之和等于$n+1$行第$k+1$个元素。这可能也是数学归纳法首次明确而清晰的阐述，它后来常被用来证明与数特别是正整数有关的无限集合的命题。这是用有限达到无限的有效手段，其雏形可以追溯到欧几里得对素数无穷性的证明，"数学归纳法"的名称则是由19世纪的英国数学家、哲学家德·摩尔根所赐。

笛卡尔和帕斯卡尔都是横跨科学和人文两大领域的巨人，在他们的感召和影响之下，数学成为法国人心目中传统文化的组成部分，并且是最优秀的部分。事实上，17世纪以来的法国数学长盛不衰，大师层出不穷。以浪漫和优雅著称的法国人以此为荣，但不把数学当作敲门砖。自从1936年菲尔兹奖设立以来，已有11位法国人获此殊荣，仅次于泱泱大国的美国（13位）。

也正因为受到法国数学和人文氛围的熏陶，滞留巴黎的莱布尼茨成了罗素赞叹的"千古绝伦的大智者"，他不仅发明了微积分，也创立了具有广泛影响的单子论。莱布尼茨声称，宇宙是由无数不同程度上与灵魂相像的单子组成的，这种单子是终极的、单纯的、不能扩展的精神实体，是万物的基础。这意味着人类与其他动物的区别只是程度上的不同而已，生物与非生命存在物的区别也是如此。莱布尼茨指出，引发我们行为的因素通常是潜意识，这就意味着我们比自己所想象的更接近于动物。但他认为，所有事物都是相互联系的，"任何单一实体都与其他实体相联系"。

凡是我们头脑能够理解的，彼此都是互相关联的。

——莱昂哈德·欧拉

自然科学的发展，取决于其方法和内容与数学相结合的程度，数学成了打开知识大门的金钥匙，成了"科学的皇后"。

——伊曼努尔·康德

莱茵河

在铁道线的一侧

河流突然出现

在矮树丛中

像一只细长苗条的花猫

玻璃一样的天空

无法映照

它温湿清澈的面孔

活灵活现

远处，帕斯卡尔的小屋

勾勒出另一种线条之美

连同他那蓬乱的头发

悄然退去

2002年5月，斯特拉斯堡——巴塞尔

分析时代

业余数学家之王

从文艺复兴时期的艺术家身上我们不难看出，绘画作为空间艺术的代表与几何学有着不可分割的联系，正如古希腊的数学家毕达哥拉斯及其弟子们已意识到代数或算术与时间艺术的代表音乐有着密切的联系。一个有趣的现象是，直到17世纪后期，欧洲才诞生了第一批伟大的音乐家，如意大利的维瓦尔蒂（1678～1741）、德国的巴赫（1685～1750）和英国的亨德尔（德裔，1685～1759），他们比那些绘画或雕塑大师们的出现晚得多。同样，在微积分诞生之前，唯有几何学在数学中占据了重要地位，它的核心当然是欧几里得几何。

以往，欧洲的数学家们大多自称为几何学家，无论是欧几里得的名言"在几何学中没有王者之路"，还是立在雅典柏拉图学园门口的牌子"不懂几何学者请勿入内"，似乎都昭示了这一点。以至于帕斯卡尔在《思想录》中也有这样的自谦之辞："凡是几何学家只要有良好的洞见力，就会是敏感的；而敏感的人若能把自己的洞见力运用到几何学原则上去，也会成为几何学家。"

随着笛卡尔坐标系的建立，用代数方法研究几何学的桥梁得以构建，作为附庸地位的代数学面貌也有了改观，可是，那时候代数学的工作重心依然围绕着解方程问题，代数学（与几何学一样）真正革命性的变革还要等到19

世纪的来临。如果真的率先有所突破的话，这个领域就是数论，一门专注于自然数或整数的性质及其相互关系、时常游离于代数的宅前院后的最古老的数学分支，那主要是因为一个隐姓埋名的业余爱好者的兴趣和努力，这个人便是法国南方小城图卢兹的文职官员——皮埃尔·德·费尔马（Pierre de Fermat，1601～1665）。

作为一个远离首都巴黎的外省人，费尔马担任的司法事务占据了他白天的工作时间，而夜晚和假日几乎全被他用来研究数学了。部分原因是那个时候的法国反对法官们参加社交活动，理由是朋友和熟人可能有一天被法庭传唤，与当地居民过分亲密会导致偏袒。正是由于被孤立于他本可以属于的图卢兹上流社会交际圈之外，费尔马才得以专心于他的业余爱好。他几乎把每一个夜晚都奉献给了数学，完成了许多极其重要的发现，其中对数论问题尤为倾心，提出了一堆命题或猜想，使得数学家们忙碌了好几个世纪。

费尔马所证明的完整结论其实不多，著名的有：每一个奇素数可用且仅可用一种方式表示成两个平方数之差；每一个形如$4n+1$的奇素数，作为整数边直角三角形的斜边，仅有一次，其平方有两次，立方有三次，等等。例如，

$$5^2 = 3^2 + 4^2, 25^2 = 15^2 + 20^2 = 7^2 + 24^2,$$
$$125^2 = 75^2 + 100^2 = 35^2 + 120^2 = 44^2 + 117^2$$

更多的时候，费尔马只是提出（以通信或出竞赛题的方式）定理的结论而不给出证明。例如，整数边直角三角形的面积不会是某一个整数的平方数；每一个自然数可表示成四个（或少于四个）平方数之和。值得一提的是，这个结论的推广是著名的华林问题，有关华林问题的研究为我国数学家华罗庚（1910～1985）带来了最初的国际声誉，后者对数学的贡献涉及解析数论、代数学、多复变函数论、数值分析等领域。

费尔马提出的两个命题后来均由法国数学家拉格朗日给出证明，瑞士数学家欧拉对费尔马问题花费了更多的精力（这也是我们把这一节内容安排在此的一个原因，欧拉和拉格朗日主要生活在18世纪）。事实上，在欧拉漫长的数学生涯中，他几乎对费尔马思考的每一个数学问题都作了深入细致的研究。例如，费尔马曾猜测，对每一个非负整数 n，

$$F_n = 2^{2^n} + 1$$

均为素数（费尔马素数）。对于 $0 \leqslant n \leqslant 4$，费尔马自己作了验证。欧拉却发现，$F_5$ 不是素数，不仅如此，他还找到 F_5 的一个素因子641。事实上，从那以后，人们再也没有发现有新的费尔马素数。

又如，1740年费尔马在给友人的信中给出了这样一个整除的命题：如果 p 是一个素数，a 是任一与 p 互素的整数，则 $a^{p-1}-1$ 可被 p 整除。将近一百年以后，欧拉不仅给出了证明，且把它推广到任意正整数的情形，由此他引进了后来被称作欧拉函数的 $\varphi(n)$，即不超过 n 且与 n 互素的正整数个数。例如，$\varphi(1) = \varphi(2) = 1$，$\varphi(3) = \varphi(4) = 2$，$\varphi(5) = 4$，$\varphi(6) = 2$，…欧拉证明了，若 a 和 n 互素（没有相同的公因子），那么 $a^{\varphi(n)}-1$ 可被 n 整除。

上述结果及其推广分别被称为费尔马小定理和欧拉定理。有意思的是，现代社会所产生的信息安全问题使得公开密钥体制（RSA，1977）成为密码学的强有力工具，欧拉定理在其中扮演了重要的作用。不过，对于下列被称为"费尔马大定理"的猜想（1637），欧拉却无能为力。这个论断是这样说的，当 $n \geqslant 3$ 时，方程

$$x^n + y^n = z^n$$

无正整数解。当 $n = 2$ 时，这便是毕达哥拉斯定理的数学表达式，它有无穷多组正整数解，且可以用一个清晰的公式来表达。$n = 4$ 的证明是费尔马自己

皮埃尔·德·费尔马

费尔马大定理的证明者怀尔斯

得到的，欧拉只给出 $n=3$（比 $n=4$ 难）的证明，且其证明并不完整。

在此后的三百多年间，这个问题吸引了无数聪颖智慧的头脑。可是，直到20世纪末，费尔马大定理才由客居美国的英国数学家怀尔斯（1953~）给出最后的证明，这条消息连同费尔马的肖像一起上了《纽约时报》的头版头条。事实上，怀尔斯证明的是以两位日本数学家名字命名的谷山—志村猜想的一部分，该猜想揭示了椭圆曲线与模形式之间的关系，前者是具有深刻算术性质的几何对象，后者是来源于分析领域的高度周期性的函数。在通向攻克费尔马大定理的路途中，还有许多数学家做出了重要贡献。

特别值得一提的是，德国数学家库默尔（1810~1893）建立了理想数理论，由此奠定了代数数论这门新学科，这或许比费尔马大定理本身更为重要。库默尔的岳父是作曲家门德尔松的堂兄、数学家狄里克莱的妻舅。有意思的是，费尔马是在古希腊数学家丢番图的著作《算术》一书的拉丁文版本空白处写下他的评注（猜想）的。在这条评注的后面，这位好恶作剧的遁世者又草草地写下一个附加的注中之注："对此命题我有一个非常美妙的证明，可惜此处的空白太小，写不下来。"

在数论以外，费尔马也做出了许多重要贡献。例如，光学中还有所谓的费尔马原理，即在两点之间传播的光线所取路径所需的时间最短，无论这路径是直的还是因为折射变弯的。作为推论可以得出，光在真空中以直线传播。而在数学方面，费尔马独立于笛卡尔发现了解析几何的基本原理，求曲线的极大值和极小值方法使他被成为微分学的创始人，而他与帕斯卡尔的通信则创立了概率论。两位数学家最初讨论的其实是赌博问题，即有两个技巧相当的赌徒 A 和 B，A 在取得2点（局）或2点以上即获胜，而 B 要取得3点或3点以上才获胜，问双方的胜率各占多少？

费尔马是这样考虑的，他用 a 表示 A 取胜，用 b 表示 B 取胜，因为最多4局就分出胜负，故所有可能的情形如下，

$$aaaa \ aaab \ abba \ bbab$$

$$baaa \ baba \ abab \ babb$$

$$abaa \ bbaa \ aabb \ abbb$$

$$aaba \ baab \ bbba \ bbbb$$

不难看出，A 获胜的概率是 $\dfrac{11}{16}$，而 B 获胜的概率为 $\dfrac{5}{16}$。

这里需要提及比概率论稍晚出现的统计学，它主要通过收集数据，利用概率论建立数学模型，进行量化分析、总结，进而推断和预测，为相关决策部门提供参考和依据。从物理学到社会科学、人文科学，再到工商业和政府的情报决策，都需要统计学，最主要的应用则在于保险业、流行病学、人口普查和民意测验。如今统计学已从数学中独立出来，成为继计算机之后数学派生的又一学科。统计学的鼻祖是亚里士多德，他撰写的城邦政情包含城邦历史、科学、艺术、人口、资源和财富等的比较分析，沿用了两千多年，直至17世纪末才被替代，演化为统计学(Statistics)，仍保留城邦(state)词根。正

如概率论肇始于赌徒的问题，统计学起源于对死亡的分析。1666年的伦敦大火既烧毁了圣保罗大教堂等建筑，也消灭了万恶的鼠疫。服装店老板格朗特（1620～1674）失了业，在此前后他热衷研究130年以来伦敦的死亡记录，他通过两个生存率（6岁和76岁）预测出随后逐年活到其他岁数的人数比例及其预期寿命。1693年，英国天文学家哈雷（1656～1742）也对德国布雷斯劳城的死亡率进行了统计研究。

最后，我们回到费尔马大定理，它曾被比喻成一只会下金蛋的鸡。当怀尔斯宣布攻克此定理时，数学界欢呼之余又嘘声一片，担心日后再没有刺激数论发展的问题了。可是没过几年，便有"abc猜想"显露出了重要性，这是与整数内部的两大运算——加法和乘法——相关的一个不等式。设n为自然数，定义它的根是其所有不同素因子的乘积，记为$rad(n)$。例如，$rad(12) = 6$。1985年，法国数学家俄厄斯特勒（1954～）和英国数学家马瑟（1948～）提出了abc猜想，其弱形式为：对满足$a+b = c, (a,b) = 1$的任意正整数a，b，c，恒有

$$c \leqslant (rad(abc))^2$$

abc猜想或其弱形式的解决可导致数论中一批重要问题的解决，同时，一些著名的定理和猜想也与之等价，后者囊括了包含费尔马大定理在内的四项菲尔兹奖成果。以费尔马大定理为例：反设对某个$n \geqslant 3$，存在正整数x，y，z，使得$x^n = y^n = z^n$，取$a = x^n$，$b = y^n$，$c = z^n$，由abc弱猜想，$z^n < (rad(xyz)^n)^2 < (xyz)^2 < z^6$。故而$n = 3$，4或5，这三种情形可通过初等的方法予以排除。

微积分学的发展

对在科学领域走在前列的西欧诸强来说，从17世纪进入18世纪有一个相对平稳的过渡。倒是欧洲的北方出现了一些变化，1700年，彼得大帝采用了朱利安历，以1月1日为岁首，同时开始以军事为中心的各项改革。夏天，与土耳其缔结了30年休战协定才一个星期，俄国便协同波兰、丹麦对瑞典发动著名的"北方大战"；不过当年，爱好数学、绘画和建筑的瑞典国王查理十二世即率兵直抵哥本哈根，迫使丹麦退出战争。而在德国，普鲁士科学院在柏林成立，莱布尼茨出任首任院长。

正是由于处于太平盛世，微积分在建立不久得到了进一步的发展，并获得了十分广泛的应用，产生了许多新的数学分支，从而形成了"分析"这样一个在观念和方法上都具有鲜明特点的新领域。在数学史上，18世纪被称为分析的时代，也是向现代数学过渡的重要时期。有意思的是，正如分析综合了几何和代数，在艺术领域，也有空间艺术和时间艺术之外的所谓的综合艺术，它的代表是戏剧（还有电影），戏剧既有绘画或雕塑那样的空间展示，又有音乐或诗歌那样的时间延续。正是在文艺复兴之后，欧洲的戏剧得到了飞速的发展。

对法国来说，17世纪是戏剧的黄金时代，伟大的戏剧家高乃依（1606~1684）、莫里哀（1622~1673）和拉辛（1759~1805）都生活在这一百年里。正如意大利文艺复兴的戏剧影响了英国伊丽莎白时代的戏剧（莎士比亚是其中最杰出的代表，他的许多作品如《威尼斯商人》、《罗密欧和朱丽叶》等故事均发生在亚平宁半岛），法国的现代戏剧无疑受到西班牙戏剧的熏陶，其发轫之作、高乃依的《熙德》的主人公熙德就是一位西班牙民族英雄。而到了18世纪，德意志戏剧又异军突起，出现了莱辛、歌德和席勒等戏剧大师。

魏玛的俄国小教堂，地下室里同时安放着
歌德和席勒的灵柩。作者摄

　　回到微积分的发展，在牛顿和莱布尼茨的原始工作中已经蕴涵了某些新
学科的萌芽，这为18世纪的数学家们留下了许多可做的事情。但是在完成这
些发展之前，必须要完善和扩展微积分本身，首当其冲的，便是对初等函数
的充分认识。以对数函数为例，它原本起源于几何级数和算术级数的项与项
之间的关系，而现在成了有理函数$\frac{1}{1+x}$的积分函数；与此同时，对数函数又
是性质相对简单的指数函数的反函数。

　　在牛顿之后，英国的数学家主要是在函数的幂级数展开式研究中取得
一些成绩，其中泰勒（1685～1731）得出了今天被称为"泰勒公式"的重
要结果，

$$f(x+h) = f(x) + hf'(x) + \frac{h^2}{2!}f^{(2)}(x) + \cdots$$

这个公式使得任意函数展开成幂级数成为可能，因此它是微积分进一步发
展的有力武器，后来的法国数学家拉格朗日甚至称其为微分学基本原理。

18世纪最伟大的数学家之一欧拉

含有五个最常用符号的欧拉公式

可是，泰勒对该公式的证明并不严谨，他甚至没有考虑到级数的收敛性或发散性。不过这一点似乎可以原谅，假如考虑到他还是位很有才能的画家，并在《直线透视》（1715）等著作中论述了透视的基本原理，同时他还最早解释了"没影点"的数学原理。众所周知，泰勒级数中$x=0$的特殊情形也叫马克劳林级数。有意思的是，马克劳林（1698～1746）不仅比泰勒年轻13岁，他获得这个公式也比泰勒要晚，却能以自己的名字命名，实为幸运。

究其原因，这一方面是泰勒生前并不出名，另一方面也是由于马克劳林的早慧，他是牛顿"流数术"的竭力辩护者，21岁就当选英国皇家学会会员。可是，在泰勒和马克劳林去世之后，英国数学却陷入了长期的低迷状态。微积分的发明权之争滋长了英国数学家的民族狭隘意识和保守心态，使他们长期无法摆脱牛顿学说中的弱点的束缚。与此形成对照的是，欧洲大陆的同行们却在莱布尼茨数学思想的滋养下取得丰硕的成果。

仅以欧洲中部的内陆小国瑞士为例。在18世纪，这个地处内陆的高山小国出现了好几位重要的数学家。约翰·贝努利首先将函数概念公式化，同时引进了变量替换、部分分式等积分技巧。他在巴塞尔大学的学生欧拉（1707～1783）堪称是那个世纪最伟大的数学家，他对微积分的各个部分都作了精细的研究。欧拉把函数定义为由一个变量与一些常量，通过某种形式形成的解析表达式，由此概括了多项式、幂级数、指数、对数和三角函数，甚至多元函数。欧拉还把函数的代数运算分成两类，即包含四则运算在内的有理运算和包含开方根的无理运算。

对于 $x > 0$，欧拉把对数函数定义为下列极限

$$\ln x = \lim_{n-\infty} \frac{x^{\frac{1}{n}} - 1}{\frac{1}{n}}$$

与这个极限同时给出的还有指数函数的极限，设 x 为任意实数，则

$$e^x = \lim_{n-\infty}\left(1 + \frac{x}{n}\right)^n$$

这里 e 是欧拉（Euler）自己姓氏的第一个字母。此外，欧拉区分了显函数与隐函数，单值函数与多值函数，他还定义了连续函数（与今天的解析函数等同），超越函数和代数函数，并考虑了函数的幂级数展开式，断定任何函数都可以展开（显然这不完全正确）。欧拉是一个高产的数学家（生活上也是儿女成群），他的工作还深入到物理学、天文学、建筑学和航海学的诸多领域。欧拉有句名言：凡是我们头脑能够理解的，彼此都是相互关联的。

微积分学的影响

在微积分学自身不断发展、严格、完善，并向多元演变、函数概念深化的同时，它又被迅速而广泛地应用到其他领域，形成了一些新的数学分支。这其中的一个显著现象是，数学与力学的关系比以往任何时候都要密

贝努利的悬链线

切，那个时候的西方数学家大多也是力学家（20世纪的中国曾有许多高校设数学力学系），正如古代东方有许多数学家也是天文学家一样。这些新兴的数学分支有常微分方程、偏微分方程、变分法，以及微分几何和代数方程论等。除此以外，微积分的影响也超出了数学进入自然科学，甚至渗透到人文和社会科学。

常微分方程是伴随着微积分的成长一起发展起来的，17世纪末以来，摆线的运动、弹性理论以及天体力学等领域里的实际问题引中出了一系列含有微分函数的方程，以挑战的姿态摆在数学家面前。最有名的是悬链线问题，即求一根挂在两定点之间的柔软但不能延长的绳子的曲线方程。这个问题是由约翰·贝努利的哥哥雅可布提出而由莱布尼茨命名的，约翰通过建立悬链线方程解得其方程为

$$y = c\cosh\frac{x}{c}$$

其中 c 依赖于单位绳长的重量。cosh 是双曲余弦函数。常微分方程则经历了从一阶方程到高阶常系数方程，再到高阶变系数方程的过程，最后由欧拉和拉格朗日两位大数学家得以完善，欧拉还率先明确区分了方程的"特解"和"通解"。

偏微分方程出现得要晚，1747年才由法国数学家、启蒙运动的先驱人物达朗贝尔（1717～1783）首先研究，他发表了一篇有关弦振动的力学问题的论文，其中包含了偏导数的概念。达朗贝尔是一个弃婴，被一位玻璃匠收养，以遗弃地教堂为名，几乎完全是靠自学成才。后来，欧拉在初始值为正弦级数的条件下给出了包含正弦和余弦级数的特解，他（受乐器

两点间的最速降线并非直线

数学家、启蒙主义思想家达朗贝尔

引发的音乐美学问题推动）和拉格朗日还研究了由鼓膜振动和声音传播产生的波动方程。另一位对偏微分方程做出重要贡献的是法国数学家拉普拉斯，他建立了所谓的拉普拉斯方程，即

$$\frac{\partial^2 V}{\partial x^2} + \frac{\partial^2 V}{\partial y^2} + \frac{\partial^2 V}{\partial z^2} = 0$$

其中 V 是位势函数，因而拉普拉斯方程又称位势方程。位势理论解决了热门的力学问题——两个物体之间的引力，如果物体质量相对于距离可以忽略不计时，V 的偏导数就是两个质点的引力分量，可由牛顿的万有引力公式给出。

相比之下，变分法的诞生更富戏剧性，虽然这个译名听起来不像是一门分支学科，它的原意是"变量的微积分"。变分法后来的应用范围极广，从肥皂泡膜到相对论，从测地线到极小曲面，以及等周问题（极大面积），但它最初源于一个简单的问题：最速降线。即求出既不在同一平面也不在同一垂线的两点之间的曲线，使质点仅在重力作用之下最快速地从一点滑到另一点。这个问

题经约翰·贝努利公开征答以后，吸引了全欧洲的大数学家，包括牛顿、莱布尼茨和约翰的哥哥雅可布都来参与，最后归结为求一类特殊函数的极值问题。值得一提的是，牛顿以匿名形式投稿，但被约翰识破，还说了一句名言："从爪子判断，这是一头狮子。"

在众多数学家的共同努力下，通过以上诸分支的建立，加上微积分学这个主体，形成了被称为"分析"的数学领域，它与代数、几何并列成为近代数学的三大学科，其繁荣程度更是后来居上。事实上，今天大学数学系的基础课程中，数学分析比高等代数或解析几何的分量更重一些。与此同时，微积分也被应用到几何和代数研究上，最先取得成功的便是微分几何。不过在18世纪，仅仅限于讨论一个点附近区域内的几何性质，即局部的微分几何（若讨论曲面的有限部分或全部则属于整体微分几何），我们将在下文详细谈到。

由于微积分的诞生，以及它与其他自然科学发生的联系，激起了勤于思考者的热情，他们对数学方法在物理学和一些规范科学中应用的合理性和确定性非常信任，并努力尝试把这种信任扩大到整个知识领域。笛卡尔就认为一切问题可以归结为数学问题，数学问题可以归结成代数问题，而代数问题又可以归结为解方程问题。可以说，他把数学推理方法看成是唯一可靠的方法，并试图在这个毋庸置疑的基础上重建知识体系。

即使与笛卡尔宏大的目标相比，莱布尼茨的野心也一点不显小，他尝试创造一种包罗万象的微积分和普遍的技术性语言，使得人类的一切问题都迎刃而解。在他的计划中，数学不仅是中心，而且是起点。他甚至提出，要把人的思维分成若干个基本的、有区别的、互不重叠的部分，就像24那样的合数可以分成素数因子2和3的乘积。虽然莱布尼茨的计划难以实现，但在19世纪后半期和20世纪发展起来的逻辑学便是基于他提出的纯符号学语言之上，他也因此被尊为"现代逻辑学之父"。

相比之下，微积分的建立在宗教方面的影响更为直接和明显，后者在人

土地测量员出身的乔治·华盛顿

《独立宣言》的起草者托马斯·杰斐逊

们的精神和世俗生活中扮演了重要的角色。牛顿虽然赋予上帝创造世界之功，但却限制了上帝在日常生活方面的影响力。莱布尼茨进一步贬低了上帝的作用用，他虽然也承认上帝的造神之功，但却认为上帝是按已经确定的数学秩序进行的。与此同时，由于理性地位的提高，对上帝就不再那么虔诚，尽管这并非数学家和科学家们的本意。正如柏拉图相信上帝是位几何学家，牛顿也认为上帝是位优秀的数学家和物理学家。

到了18世纪，随着微积分学的发展，情况又有了变化。法国启蒙运动的先驱和精神领袖伏尔泰是牛顿数学和物理学的忠实信徒，也是新兴的自然神论的主要倡导者。这门神学主张把理性和自然等同起来，这在当时受过教育的人们中间颇为流行。在美国，它的推崇者有托马斯·杰斐逊和本杰明·富兰克林，前者在鼓励讲授高等数学方面做了不少工作。事实上，包括乔治·华盛顿在内的前七任美国总统没有一个表示自己信仰基督教。对于自然神论的信徒来说，自然就是上帝，牛顿的《原理》就是《圣经》。有了哲学和神学的保驾护航，微积分在经济学、法学、文学、美学等方面也影响深远。

贝努利家族

前文已经提及，在微积分学的发展和应用方面，贝努利家族的成员和他们的瑞士同胞欧拉做出了卓越的贡献，现在我们就来介绍这个世界上最著名的数学世家，他们似乎注定就为微积分来到人世的。这个家族原先居住在比利时的安特卫普，信仰新教之一的胡格诺派，这个教派与加尔文教徒和清教徒等一样，受到过天主教会和王权的迫害。1583年，贝努利家族不得不逃离故乡，他们先是在德国的法兰克福避难，接着迁居瑞士，在巴塞尔安顿下来，并与当地的一个望族联姻，成为很有实力的药材商人。

一个多世纪以后，这个家族出现了第一位数学家——雅可布·贝努利（1654～1705），他通过自学掌握了莱布尼茨的微积分，后来一直担任巴塞尔大学的数学教授。最初，雅可布只得学习神学，后来不顾父亲的反

迦太基古城图。作者摄于突尼斯

对醉心于数学，并拒绝了教会的任命。1690年，他首先使用了"积分"（integral）这个词。次年他研究了悬链线，并将其应用于桥梁设计。其他重要的研究成果包括：排列组合理论、概率论中的大数定律、导出指数级数的贝努利数以及前文提及的变分法原理。

根据希腊传说，迦太基的建国者狄多女王有一次得到一张水牛皮，她命人把它切成一根皮条，圈出最大的面积，结果得到半个圆。这可能是变分法的起源了，这个故事的另一个版本是这样说的，地中海塞浦路斯岛主狄多女王的丈夫被她的兄弟皮格玛利翁杀死后，她逃亡到非洲海岸，从当地一位酋长手中购买了一块土地，在那里建立起了迦太基城。这块土地是这样划定的，一个人在一天内犁出的沟能圈起多大的面积，这个城就可以建多大。这姐弟俩各自的爱情故事曲折动人，被罗马诗人维吉尔（公元前70～公元前19）和奥维德（公元前43～公元前14）先后写进他们的诗歌中。

所谓贝努利数 B_n 在数论中有着不可替代的作用，它的定义可由下列递归公式给出，

$$B_0 = 1, \ B_1 = -\frac{1}{2}, \ B_n = \sum_{k=0}^{n}\binom{n}{k}B_k \ (n \geq 2)$$

其中 $\binom{n}{k}$ 为二项式系数。显而易见，贝努利数永远是有理数，它的性质奇妙无比。不难证明，当 $n \geq 3$ 时，奇数项贝努利数 $B_n = 0$，而当 p 是奇素数时，B_{p-3} 的性质直接决定了费尔马大定理在指数为 p 时成立与否。由贝努利数还可以给出贝努利多项式，它在数论和函数论中起着重要的作用。雅可布死后，他的墓碑上刻着一条对数螺线和这样的铭文：纵使变化，依然故我。

与雅可布比起来，年轻十多岁的弟弟约翰（1667～1748）的数学贡献毫不逊色（前文已提及）。起初，约翰学的是医学，并在巴塞尔以一篇肌

贝努利家族的第二代：丹尼尔

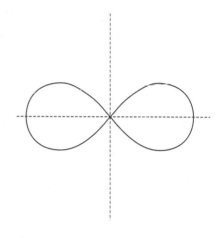

贝努利双纽线

肉收缩的论文获得博士学位。后来他不顾父亲的反对随兄长学习数学，然后到荷兰的格罗宁根大学做了数学教授，直到雅可布去世才返回故乡继任职位。约翰最为我们熟知的数学发现是，他提出了求一个分子和分母均趋于零的分式极限的方法（通常为学习微积分学的学生所喜爱），即

若当 $x \to a$ 时，函数 $f(x)$ 和 $F(x)$ 都趋于零，在点 a 的某邻域内（点 a 本身可以除外），$f'(x)$ 和 $F'(x)$ 都存在，且 $F'(x) \neq 0$，$\lim\limits_{x \to a} \dfrac{f'(x)}{F'(x)}$ 存在（有限或无穷），则 $\lim\limits_{x \to a} \dfrac{f(x)}{F(x)} = \lim\limits_{x \to a} \dfrac{f'(x)}{F'(x)}$

由于约翰这个方法被他的法国学生洛比达收编在一本书里，以至于被误称为洛比达法则。除此以外，约翰还用微积分计算出最速降线、等时线等曲线的长度和面积。

约翰虽然在学术上与雅可布互为竞争对手（他们都是莱布尼茨的好友），据说脾气不好、很爱嫉妒，但他却是位出色的教师，不仅有洛比达这

样的学生，还把三个儿子培养成为数学家。老大尼古拉和老二丹尼尔（分别做过法学教授和医生）双双被聘请到彼得堡科学院，正是这哥俩把他们的好朋友欧拉引荐到俄国，使得他在那里度过了一生最美好的时光，而老三小约翰在做了几年修辞学教授后继任了父亲的数学教授职位。这样的遗传还没有结束，因为小约翰的两个儿子——小小约翰和小雅可布——也在走了一段弯路之后投入数学的怀抱。

在贝努利家族的第二、三代数学家中，并非个个都像第一代那样出色。但是，丹尼尔（1700～1782）却是个例外，曾经有几次他是伟大的欧拉的竞争对手。与欧拉一样，他也曾十次赢得法国科学院设立的奖金（有时和欧拉一同分享）。从彼得堡返回巴塞尔以后，他先后担任解剖学、植物学和物理学教授，却在包括微积分学、微分方程、概率论在内的诸多数学领域也做出许多贡献。为纪念贝努利家族对数学所做的贡献，上个世纪90年代，荷兰创办了《贝努利杂志》，它是继《斐波那契季刊》之后又一份以数学家（族）命名的期刊。

最后，我们要谈到气体或液体动力学的一个贝努利定理，它直接启发了现代飞机的设计师。这个定理说的是，运动流体（气体或液体）的总机械能（即包括与流体压强有关的能量、落差的重力势能以及流体运动动能在一起的总能量）保持恒定。按照贝努利定理，如果流体水平流动，重力势能则无变化，而流体压强随流速增加而降低。贝努利定理是许多工程问题的理论基础，例如飞机的机翼设计，就是利用流经机翼上部弯曲面的气流速度比下部快，使得机翼下部的压强比上部大，从而产生上升力。这个贝努利定理出自丹尼尔。

法国大革命

拿破仑·波拿巴

1769年，正当31岁的拉格朗日在柏林科学院担任数学物理学部主任，20岁的拉普拉斯受聘为巴黎军事学院数学教授，他们未来的学生和朋友拿破仑·波拿巴在地中海的科西嘉岛首府阿雅克肖呱呱坠地。仅仅一年以前，这座岛屿还隶属于亚平宁半岛的热那亚。倘若这项关于岛屿的交易推迟若干年进行的话，那么成年以后的拿破仑极有可能致力于意大利的领土扩张，或参加抵抗法兰西的地下组织，正如他的父亲所做的那样。事实上，拿破仑家族曾是托斯卡纳的贵族，而托斯卡纳的首府正是文艺复兴的中心城市——佛罗伦萨。

科西嘉抵抗组织成立不久，其领导人便逃亡在外了，为了儿子的教育和前途，律师出身的老波拿巴只得臣服新主子，出任阿雅克肖审判区的陪审员。这样一来，9岁的拿破仑才有机会进入军事学校的预科班，后来他经过多次转学，最终从巴黎军事学校毕业。正是在最后一所学院里，颇有数学才华的拿破仑结识了大数学家拉普拉斯。1785年，老波拿巴病逝，拉普拉斯被学校指定单独对16岁的拿破仑进行考试。

拿破仑从军校出来后，做了炮兵少尉，同时阅读了大量军事著作。不久他又回科西嘉岛逗留了两年，看来他对故乡很有感情，事实上，他后来还多次返回，如果有恰当的支持，仍有可能帮助其取得独立。可是，随着法国大

业余的几何学家拿破仑　　　　　　　　《马赛曲》作者鲁热·德·利尔

革命逐渐进入高潮，拿破仑更多地被巴黎吸引过去了。作为伏尔泰和卢梭的忠实读者，拿破仑相信，法国必须进行一场政治变革。不过，1789年7月14日（后来成为法国国庆日），正当巴黎的群众攻占了象征国王暴政的巴士底狱，拿破仑却身处外省。

法国大革命不仅结束了法国旧政权，同时也改变了欧洲的政治气候。关于这场革命的起因，历史学家的解释虽不尽相同，但公认的理由有五条：当时法国人口在欧洲最多，已经不能充分供养；日益扩大的富有的资产阶级被排除在政治权力之外，这一点比其他国家突出；农民深刻了解了自己的境遇，越来越不能忍受欺诈剥削的封建制度；出现了若干位主张政治和社会变革的哲学家，其著作较为流通；由于参加美国独立战争，国库消耗殆尽。

毫无疑问，拿破仑进军巴黎需要命运女神的眷顾。1793年元月，法国国王路易十六被送上了断头台，罪名是判国罪。此前，法国革命者已与欧洲多个国家的反革命政权势力宣战，法国国内情况也十分危机。次年冬天，在法国南部港口城市土伦，拿破仑率领他的炮兵，击败了前来保驾的英国军队。他凭借此战一举成名，并被晋升为准将。又过了一年，正当保王党实行白色恐怖，试图在巴黎夺权时，他们的阴谋被拿破仑粉碎。至此，26岁的科西嘉人已经成为法国大革命的救星和英雄。

也是在1795年，古老的巴黎大学和巴黎科学院被国民议会关闭，取而代之的是新成立的巴黎综合工科学校和法兰西学院（巴黎科学院成为其三个分院之一），还有此前一年成立的巴黎师范学校（1808年重建时更名为巴黎高等师范学校）。虽然这两所学校原先的宗旨分别是要培养工程师和教师，却都把数学放在十分重要的位置，这可能与当初负责建校工作的孔多塞是数学家有关。他把法国最有名的数学家都邀请了过来：拉格朗日、拉普拉斯、勒让德、蒙日，其中蒙日还担任综合工科学校的首任校长。

可是，拿破仑还要再等若干年才能当上第一执政官，在此期间，他率兵南征北战，意大利、马耳他和埃及都留下他的足迹，他指挥的战斗胜多负少。当他班师回国，可以说是独揽军政大权，就像当年从埃及返回罗马的恺撒将军。在18世纪的最后一个圣诞节，法国颁发了一部新宪法。按照这部宪法，拿破仑作为第一执政官权力无限，可以任命部长、将军、文职人员、地方长官和参议员，那以后，他的数学家朋友纷纷被封高官。

虽说拿破仑是借助法国大革命才登上权力的宝座，但他野心勃勃，并不相信人民的主权、意志或议会的辩论，反倒倾心于推理和才智之士，比如数学家和法学家。然而，战争仍在继续，领土扩张也刚刚开始，对第一执政官来说，要巩固政权，要完成帝国的伟业，军队需要得到最细心的照顾。于是，巴黎综合工科学校被军事化，以用来培养炮兵军官和工程师，教授们被鼓励研究力学问题，研制炮弹或其他杀伤力强的武器，而执政官本人也与他们关系密切。

早年的数学功底，加上与数学家的交往，使得拿破仑有能力和勇气向他们提出这样一个几何问题：只用圆规，不用直尺，如何把一个圆周四等分？这个难题由因战争受困巴黎的意大利数学家马斯凯罗尼解决了，他还写了一本《圆规几何》的书题献给拿破仑，其中包含了更广泛的作图理论：只要给定的和所求的均为点，就可以单独通过圆规来完成。这样一来，欧几里得作图法中所需的没有刻度的直尺也多余了。有意思的是，后人发现，在1672年出版的一本丹麦文旧书中，一个叫摩尔的无名作者已经知道并证明了马氏作图理论。

　　圆周四等分的具体作法如下：取已知圆 O 上任一点 A，以 A 为一个分点把此圆六等分，分点依次为 A、B、C、D、E、F（如图）。分别以 A、D 为圆心，AC 或 BD 的长为半径作两圆，相交于 G 点。再以 A 为圆心，OG 的长为半径作圆，交圆 O 于 M、N 点，则 A、M、D、N 即四等分圆 O 的圆周。这是由于按照毕达哥拉斯定理，$AG^2 = AC^2 = (2r)^2 - r^2 = 3r^2$，故 $AM^2 = OG^2 = AG^2 - r^2 = 2r^2$，$AM = \sqrt{2}r$ 因而 $AO \perp MO$。

拿破仑问题的解答

数学家中的革命家孔多塞

高耸的金字塔

现在我们要谈谈拉格朗日（1736～1813）了，他和欧拉被认为是18世纪两个最伟大的数学家。至于他们两位中间谁更伟大这个问题引起过一番争论，这在一定程度上也反映了支持者的数学趣味。拉格朗日出生在意大利西北部名城都灵，也就是菲亚特汽车和尤文图斯足球队的老巢。由于与法国近在咫尺，都灵在16世纪一度被法国占有，而在拉格朗日时代，它是撒丁王国的首府。这个地位直到19世纪才有所改变，都灵成了争取意大利统一的政治和思想中心，以至于独立以后它一度成为首都。

拉格朗日身上混杂着法国和意大利的血统，以法国血统居多。他的祖父是法国骑兵队队长，为撒丁岛（如今隶属意大利的地中海岛屿）的国王服务以后，在都灵定居下来，并与当地的一个著名家族联姻。拉格朗日的父亲也一度担任撒丁王国的陆军部司库，但却没有管理好自己的家产。作为11个孩子中唯一的幸存者，拉格朗日所得的遗产寥寥无几，他后来把这件事看成是发生在自己身上最幸运的事："要是我继承了一大笔财产，那我或许就不会与数学共命运了。"

拉格朗日上学以后，最初的兴趣是在古典文学方面，欧几里得和阿基米德的几何著作并没有让他产生多少热情。后来有一次，他读到牛顿的朋友、哈雷彗星的发现者哈雷写的一篇赞誉微积分的科普文章，遂被这门新学科给迷住了。在极短的时间内，他通过自学掌握了那个时代的全部分析知识。据说拉格朗日19岁（另一个说法是16岁）时就被任命为都灵炮兵学院的数学教授，从那以后开始了数学史上最辉煌的经历之一。到25岁时，他被认为已经步入世界上最伟大的数学家之列了。

与其他数学家不同，拉格朗日从一开始就是个分析学家，这也从一个侧面证明了那个时代分析是最热门的数学分支。这种偏爱体现在他19岁时就构

拥有法意血统的拉格朗日

拉格朗日《分析力学》首卷扉页
（1811版）

想好的《分析力学》一书中，但这部杰作直到他52岁才在巴黎出版，那时他对数学基本上已经失去兴趣了。在前言中，拉格朗日这样写道："在这本书中找不到一张图。"但是，他接着又说，力学可以看成是四维空间的几何——三个笛卡尔直角坐标系加上一个时间坐标，这样就足以确定一个运动着的点的空间和时间位置。

在今天我们熟知的数学符号中，函数 $f(x)$ 的导数 $f'(x)$、$f^{(2)}(x)$、$f^{(3)}(x)$ 是由拉格朗日引进的，他给出了以他名字命名的中值定理，这个定理是这样叙述的：如果函数 $f(x)$ 在闭区间 $[a, b]$ 上连续，在开区间 (a, b) 上可导，则必存在 $a < \zeta < b$，使得

$$f'(\zeta) = \frac{f(b) - f(a)}{b - a}$$

此外，他用连分数给出了求方程实根的近似值方法，并致力于用幂级数来表示任意函数。

在被19世纪的爱尔兰数学家哈密尔顿赞为"科学的诗"的著作《分析力

学》中，拉格朗日建立起了包括被后人称作拉格朗日方程的、动力系统的一般方程，同时容纳了他在微分方程、偏微分方程和变分法中的一些著名结果，这部著作对于一般力学的重要性就像牛顿的万有引力定律对于天体力学一样。但这不等于说拉格朗日不关心天体问题，事实上，他曾解决月球的天平动问题，即为何月球总是以同一面向着地球。用分析方法解决力学问题，这标志着与希腊古典传统的分道扬镳，甚至牛顿及其追随者的力学研究也依赖于几何和图形。

　　从一开始，拉格朗日就得到了年长他近30岁的竞争对手欧拉的慷慨赞誉和提携，这成了数学史上的一段佳话。他也像欧拉一样在把主要精力花在分析及其应用之余，沉湎于奥妙无穷的数论难题。例如，前文已提到了他曾证明了费尔马的两个重要猜想。在同余理论中有一个拉格朗日定理，说的是一个 n 次整系数多项式，如果它的首项系数不被素数 p 整除的话，那么这个多项式关于模 p 的同余方程至多有 n 个解。可是，更为著名的拉格朗日定理出现在群论中，即：有限群 G 的子群的阶是 G 的阶的因子。

　　由于拉格朗日所取得的成就，撒丁国王负担起他去巴黎和伦敦游学的旅

德拉克洛瓦的《自由引导人民》

费，但他却在巴黎一病不起，待到身体稍好，便急切地返回都灵。不久，他便接到普鲁士国王腓特烈的邀请去了柏林，在那里一住就是11年，直到国王去世。这一次，法国终于没有再错过拉格朗日，路易十六把他邀请到了巴黎，那一年是1787年，拉格朗日已经把兴趣转向人文科学、医学和植物学等。比他年轻19岁的玛丽皇后对他爱护有加，尽一切所能减轻他的消沉。

两年以后，法国大革命的高潮席卷了巴黎，似乎也冲破了拉格朗日的冷漠，激励他的数学头脑再次活跃起来。他谢绝了重返柏林的邀请，依靠自己的缄默度过了恐怖岁月，化学家拉瓦锡（1743～1794）则人头落地。等到巴黎师范学校成立，他被任命为教授，接着又成了巴黎综合工科学校的第一位教授，为拿破仑麾下的年轻军事工程师们讲授数学，其中就有未来的数学家柯西。在两次战役之间转到内政事务的拿破仑也经常来拜访，谈论数学和哲学，并让他当上了参议员和伯爵，"拉格朗日是数学科学高耸的金字塔"，这位征服过埃及的不可一世的皇帝赞叹道。

法兰西的牛顿

晚年的拉格朗日不无嫉妒地谈到了牛顿："无疑，他是特别有天才的人，但是我们必须看到，他也是最幸运的人，因为找到建立世界体系的机会只有一次。"相比之下，拉普拉斯（1749～1827）比拉格朗日更为不幸，因为他不仅无法取得牛顿那样的成就，且由于他的学术生涯恰好均匀地分布在两个世纪，而18世纪有欧拉和拉格朗日，19世纪有高斯。因此，诸如某某世纪最杰出的数学或科学人物之类的头衔也落不到他头上。尽管如此，拉普拉斯也度过了辉煌的一生，这与他的才智、个人努力，以及有一个拿破仑那样的学生不无关系。

法兰西的牛顿：拉普拉斯

巴黎拉普拉斯地铁车站。作者摄

　　拉普拉斯的双亲是农民，他的出生地在法国北部邻近英吉利海峡的卡尔瓦多斯省，属于下诺曼底，就是二战中盟军登陆的地方。在乡村学校读书时他显出了多方面的才能，其中包括神学辩论时的口才，并因此得到了富有的邻居的关心，他作为一名走读生进了当地的一座军事学校。可能是因为他的非凡记忆能力而不是数学才华，一位有影响力的人士写了一封推荐信，18岁的拉普拉斯揣着这封信就去了巴黎，这也是他第一次出门远行。

　　可是，这封信却差点害了拉普拉斯。《百科全书》副主编、数学家达朗贝尔接见他时对他递交的信件并不在意。回到住处以后，不甘心的拉普拉斯连夜写下了一封关于力学原理的信，这封信果然起了作用，达朗贝尔阅后回信，邀请拉普拉斯立刻去见他，信中写道："我几乎没有注意到你那封推荐信。你不需要什么推荐，你已经更好地介绍了自己。"几天以后，在达朗贝尔的引荐下，拉普拉斯当上了巴黎军事学院的教授，也就在那所学院里，他遇到了他未来的学生——拿破仑。

　　相比拉格朗日，拉普拉斯在纯粹数学方面花费的精力不多，取得的成就也比较少，并且基本上是为了满足他天文学研究的应用。在行列式计算时有按某些行（列）展开的拉普拉斯定理，即设任意取定 k 行（列），则由这 k 行（列）元素所组成的一切 k 级子式与它们的代数余子式的乘积之和等于行列式的值。在微分方程中也有所谓的拉普拉斯变换，它通过无穷积分把一类函数 $F(t)$ 变换为另一类函数 $f(p)$，即

$$f(p) = \int_0^\infty \mathrm{e}^{-pt} F(t)\mathrm{d}t$$

当然，拉普拉斯最著名的还是他的五卷本《天体力学》，这为他赢得了"法兰西的牛顿"的美称。他从24岁开始就把牛顿的引力说应用到整个太阳系，探讨了土星轨道为何不断膨胀而木星轨道则不断收缩这类特别困难的问题，证明了行星轨道的偏心率和倾角总保持很小和恒定，并且能够自动调整，还发现了月球的加速度同地球轨道的偏心率有关，这从理论上解决了太阳系动态观测中最后一个反常现象。可以说，拉普拉斯的名字与宇宙的星云学说密不可分，我们在前面谈论微积分学的影响时提到的关于势能的拉普拉斯方程便是一个见证。

如何评价拉普拉斯和拉格朗日这两位科学巨人，这是后来的同行们经常要谈起的话题。19世纪的法国数学家泊松（1781～1840）这样写道："拉格朗日和拉普拉斯在他们的一切工作中，不论是研究数学，还是研究月球的天平动，都有着深刻的差别。拉格朗日往往在他探讨的问题中只看到数学，把它作为问题的根源——因此他高度评价优美与普遍性。拉普拉斯则主要是把数学作为一个工具，每当一个特殊的问题出现时，他就巧妙地修改这个工具，使它适用于该问题。……"

至于在为人处世或人格上，两个人也同样有着鲜明的差别。傅里叶（1768～1830）曾这样评价拉格朗日："他欲望淡泊，用他的一生，用他高尚、质朴的举止，以及崇高的品质，最后用他精确而深刻的科学著作，证明

了他对人类的普遍利益始终怀着深厚的感情。"而拉普拉斯则被认为是数学家中势利小人的典范："对头衔的贪婪，政治上的随风摇摆，以及渴望得到公众的尊重，成为不断变化的注意的中心而出风头。"（E.T.贝尔语）

不过，拉普拉斯的性格中也有坦诚的一面，例如，他的临终遗言是这样说的："我们所知的不多，我们未知的无限。"也正因为如此，他的学生拿破仑一边批评他"到处找细微的差别，那只是一些似是而非的意见"，称他把无穷小精神带入行政工作中；一边又封他为伯爵、授予他法国军团的大十字荣誉勋章和留尼汪勋章，在做了经度局局长之后，又让他当了内政部长。拉普拉斯在政治上是个不倒翁，王朝复辟以后，他又被封为侯爵并进入了贵族院，亲手签署了流放拿破仑的法令，同时担任改组综合工科学校的委员会主席。

皇帝的密友

有个流传甚广的传说，当称帝以后的拿破仑读到《天体力学》以后问它的作者："为什么您的著作中没有提到上帝？"拉普拉斯回答："陛下，我不需要那个前提。"这句话让我们想起欧几里得回答托勒密国王时所说的那句话："在几何学中没有王者之路。"事实上，拉普拉斯废弃上帝的意思可能是想胜出牛顿一筹，因为牛顿不得不依赖上帝的存在和第一推动之力，而拉普拉斯考虑的天体比起牛顿的太阳系内的范围也更广。

无论是拉普拉斯还是拉格朗日，他们与拿破仑的关系都像是一个伟大的科学家与一个开明的君主之间的关系，充其量也只是君臣关系。蒙日（1746～1818）就不同了，虽然他比拉普拉斯还年长三岁，数学方面的才华也稍显逊色，却由于个人的阅历和开放的性格，与年轻的拿破仑建立起了亲密的友谊。以至于在波旁王朝复辟以后，蒙日不仅得不到拉普拉斯那样的爵位和荣耀，反而被通缉而四处躲藏，他被当成（也的确是）那个科西嘉人的心腹。事实上，正如那位皇帝所说："蒙日爱我，就像一个人爱他的情人。"

蒙日出生在法国中部科多尔省的小镇博讷，隶属盛产葡萄酒的勃艮第大区，该镇位于第戎西南，今天从蒙托卡诺到巴黎的高速火车经由此地。蒙日的父亲是一个小贩和磨刀匠，他很重视儿子的教育，结果蒙日在学校的每件事情上都处于领先，包括体育和动手能力。14岁那年，蒙日在没有图纸的情况下设计出一辆消防车，依赖于两件工具：坚持不懈和灵巧的手指。这辆车以几何的精确性体现出他的思想。两年以后，他又独立画出了家乡的一幅大尺寸的详图，于是被人推荐到里昂的一所教会学院教授物理学。

有一次，在从里昂回家乡的路上，蒙日遇见了一位看过他画的地图的军官，这名军官把他介绍给北部香槟-阿登大区的首府梅济耶尔的军事学院去做教官。那座城市距离比利时边境只有14公里，而作为双城之一的沙勒维尔也是诗人兰波的出生地，不过后者晚了一个多世纪。蒙日做的是下等职员，测量和制图是他的日常工作，结果他乘机创立了一门新的几何

以阿基米德螺线排列的巴黎分区图

敢于顶撞拿破仑的蒙日

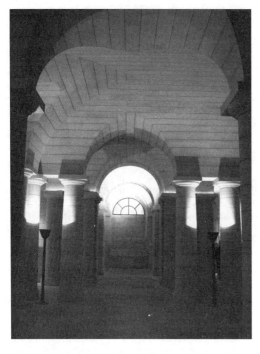

巴黎先贤祠墓道，拉格朗日、蒙日、卡诺和孔多塞安葬于此。作者摄

学——画法几何，也就是在一张平面图上描画三维空间中的立体图形的方法，他因此也得到授课的权利和机会，其中一个学生卡诺后来成为卓有成效的几何学家，并积极投身法国大革命。

1768年，22岁的蒙日被任命为梅济耶尔军事学院的数学教授，几年以后又兼任了物理学教授。直到1783年，蒙日才最后离职，到巴黎担任海军军官候补生资格的主考官。幸好在去巴黎赴任之前，他完成了学术生涯的大部分发现，并娶了一位年轻、美丽而忠诚的寡妇。因为蒙日到达巴黎以后，便陷入了权力的包围和势利小人的纠缠，接着大革命爆发，他不得不卷入其中，甚至被革命党人逼迫担任了新政府的海军和殖民地大臣。

蒙日来到巴黎不久，他收到了已经爬上权力宝座顶端的科西嘉人的来信。信的开头回忆了若干年以前这位年轻不得志的炮兵军官对海军大臣的觐见，接着对他不久以前完成的一次意大利公务旅行表示感谢。原来，那次拿破仑派蒙日到意大利选择接受绘画、雕塑和其他艺术珍品。幸亏蒙日手下留情，没有把孵金蛋的母鹅宰杀，为拿破仑的故国保存了相当多的稀世艺术品。之后，他们开始了漫长而亲密的友谊。即使在拿破仑称帝之后，蒙日也是唯一敢于在他面前讲真话甚至顶撞他的人。

随着巴黎综合工科学校的开办，蒙日出任了第一任校长。这所学校以及巴黎高师的创办，标志着法国数学与科学史上最光辉的时期的来临。可是，拿破仑的心思并不完全在法国，1798年，他亲自率领大军远征埃及，蒙日作为文化军团的骨干，与三角级数的发明者傅里叶一同前往。据说在地中海的航程中，拿破仑在旗舰上每天早上要召集蒙日等人讨论一个重大的话题，比如地球的年龄、世界毁于大火或洪水的可能性、行星上是否可以居住，等等。而在抵达开罗之后，蒙日以法兰西研究院为蓝本，帮助建立了埃及研究院。

最后，我们要谈一谈蒙日在数学上所做的贡献。除了创立画法几何学以外，他还被称为微分几何之父，这是以微积分为工具研究曲线和曲面的性质及其推广应用的几何学，欧拉是重要的奠基人。蒙日极大地推进了空间曲面和曲线理论，其特点是与微分方程紧密结合，曲面和曲线的各种性质可由微分方程表示，这正是微分几何一词的由来。例如，蒙日给出了所谓可展曲面的一般表示，并说明了除垂直于XOY平面的柱面以外，这类曲面总满足下列偏微分方程

$$\frac{\partial^2 Z}{\partial x^2}\frac{\partial^2 Z}{\partial y^2}-\left(\frac{\partial^2 Z}{\partial x \partial y}\right)^2=0$$

蒙日在巴黎综合工科学校做校长时，有时也给学生讲课。有一次，他在讲课时发现了一个巧妙的几何定理，它是关于四面体的一个性质。众所周知，四面体有四个面和六条边，每条边只与另外一条边不相交，称互为对边。这个被称为蒙日定理的结论是这样说的，通过四面体的每条边的中

点并垂直于其对边的六个平面必交于一点。此点和那六个平面分别被称为蒙日点和蒙日平面。这里补充一句,有机会去巴黎的读者可以在那座城市找到蒙日大街和蒙日咖啡馆。

结语

数学本身的发展遵循这样的规律,它不时需要其他养料,这其中,尤以物理学给予的最多(当然反过来物理学也从数学中受惠最多)。可以说,物理问题极大地推动了数学,特别是分析(19世纪后期以来可能要数几何),从微积分学诞生的那一刻起,分析便与力学紧密地联系在了一起。正因为如此,才有拉格朗日的巨著《分析力学》。不过,伟大的拉格朗日最属意的数学分支可能是数论,他不无得意地证明了,每一个正整数均可以表示成不超过四个平方数之和。无论如何,法国大革命所引导的军事、工程技术的需求也为数学的发展和应用打开了方便之门,从那以后直到如今,这扇门始终没有关闭。

必须指出,在牛顿和莱布尼茨之后,拉格朗日出现之前,欧洲的大数学家集中在经济、文化、科学都不发达的一个高山小国,那便是瑞士,那里涌现了大名鼎鼎的贝努利家族和欧拉,而且他们来自同一座小城市——巴塞尔,这是个非常有意思的现象。第一代贝努利兄弟雅可布和约翰都是欧拉的老师,他们执教于巴塞尔大学,而欧拉从这座大学毕业以后一直生活在两座遥远的异国城市——圣彼得堡和柏林,他的肖像画却出现在瑞士法郎上,与英镑上的牛顿、挪威克朗上的阿贝尔一起,成为至今仍然流通的欧洲货币上仅有的三位大数学家。值得一提的是,欧拉初次在欧洲崭露头角,是在巴黎科学院设立的有奖竞赛,他曾两次获得大奖。

数学家兼埃及学者傅里叶

傅里叶之墓，巴黎拉雪兹

作为一种新型的大学的开端，巴黎综合工科学校的建立为数学家尤其是应用数学家提供了许多可靠的职位，拉格朗日和蒙日等成为首批担任大学教授的大数学家。青年学生为被录取而展开激烈的竞争（甚至设置了面试的主考官），他们入学后培养的目标是成为工程师或军官。柯西是其中最出色的一个，有着十分深厚的人文修养，却由于心胸不够宽广且自负，忽视了包括阿贝尔在内的年轻人。综合工科学校的优良传统后来也散布到世界各地，例如，在新大陆成立了麻省理工学院和加州理工学院，在中国和印度则出现了清华大学和印度理工学院（七所校区分布在全国不同的城市）。

在柯西之前，还有两位法国大数学家傅里叶和泊松出自巴黎综合工科学校。傅里叶最伟大的著作是《热的解析理论》（1822），麦克斯韦称赞其为"一首伟大的诗"。书中他证明了，任何函数均可表示成多重的正弦或余弦级数。这些三角级数（又称傅里叶级数）不仅对受边界约束的偏微分方程十分重要，同时也拓展了函数概念。而村长的儿子泊松是"第一个沿着复平面的路径进行积分的人"，他的名字在大学数学里频频出现，例

哲学家康德，（与费尔马一样）毕生居住在远离文化中心的故乡哥尼斯堡

如，泊松积分和泊松方程（势论），泊松常数（弹性力学），泊松分布或泊松定律（概率论），泊松括号（微分方程），等等。

　　傅里叶有句名言："对自然的深入研究是数学发现最重要的源泉。"他和泊松都有不少有趣的传闻。据说傅里叶出任下埃及总督期间，为了研究热力学，在沙漠里穿上层层衣服，因而加重了心脏病。当他63岁那年在巴黎去世时，浑身热得像刚煮过似的。泊松小时候由保姆照顾，有一天父亲来看他，发现保姆出去了，儿子坐在布袋里并被挂在墙钉上。保姆后来解释说，这样可以避免让孩子被地板弄脏染病。泊松晚年大部分时间致力于摆的研究，或许与他小时候被吊着摆来摆去有关。

　　可以说，18世纪涌现的大数学家人数超过了以往任何一个世纪，甚至包括天才辈出的17世纪。可是，这个世纪却没有出现一位文艺复兴式的巨人，务实的结果也导致了数学家与哲学家的关系渐行渐远，以至于有人称

18世纪为"发明的世纪"。事实上，这个世纪甚至没有产生哪怕一位数学家兼哲学家或文学家。晚年的欧拉同意拉格朗日的说法，数学的思想已差不多快要穷尽了。但连他们也没想到，这个尽头又是一个崭新的起点。

另一方面，随着数学所取得的超乎人们想象的成就，以及由此确立的崇高地位，也动摇了长期以来盛行的哲学和宗教思想体系。至少对有识之士来说，对上帝虔诚的信仰已经瓦解了，神学家们开始关心这个问题，哲学家们也乘机表示了疑问：真理是如何发现的？对这个问题，德国哲学家、近代欧洲最有影响的思想家康德（1724～1804）作了认真研究，他以"直线是两点间最短距离"为例说明，真理不能仅仅从经验中得来，而必须是一种综合的判断。

又如，"二律背反"是指各自依据普遍承认的原则建立起来的、公认为正确的两个命题之间的矛盾冲突，这是康德哲学的一个重要概念。他在《纯粹理性判断》里将其描述为四组正题和反题并给予证明，康德称之为先验理念的四个冲突。这四组正反命题中，有两组接近于数学的悖论。它们是：一、正题：世界上有出于自由的原因；反题：没有自由，一切都是依自然法则。二、正题：在世界原因的系列里有某种必然的存在体；反题：里边没有必然的东西，在这个系列里，一切都是偶然的。由此可见，数学真理包括欧氏几何学和悖论是康德哲学体系的主要支柱。

从虚无中，我开创了一个新的世界。

——约翰·鲍耶

你给我泥土，我能把它变成黄金。

——查理·波德莱尔

爱因斯坦

他的卷发

如阿勒河的水流

缠绕着伯尔尼

他的胡须

如教堂花园桥

通行有轨电车

他的背影

如一头削瘦的棕熊

踯躅在克兰姆街

他的眼睛

如大钟楼的时针

穿越了千年万年

2007年7月，伯尔尼

代数学的新生

分析的严格化

无论是在数学还是在艺术领域，19世纪前半叶都是从古典（或近代）进入到现代的关键时期，走在最前列的依然是生性敏感的数学家和诗人。爱伦·坡和波德莱尔的相继出现，非欧几何学和非交换代数的接连问世，标志着以亚里士多德的《诗学》和欧几里得的《几何原本》为准则的延续了两千多年的古典时代的终结。可是，由于强大的惯性，分析时代的影响力犹在，并经历了严格化和精细化的过程，但分析似乎没有像代数和几何那样，出现里程碑式的转折点。

在分析人才辈出的法国，19世纪最主要的数学家是柯西。1789年夏天，也就是攻占巴士底狱后一个多月，柯西出生在巴黎。柯西的父亲是一位文职官员，在拿破仑执政以后，成为新成立的上议院执掌印玺和起草会议纪要的秘书，与拉普拉斯和拉格朗日交往颇多，因而童年的柯西得以接触到两位大数学家。据

弃文从工后又投理的柯西

说有一天，拉格朗日在老柯西的办公室里看到他写在草稿上的演算题，脱口说道："瞧这孩子，将来我们这些可怜的数学家都会被他取而代之。"但拉格朗日也建议，鉴于柯西体质虚弱，在完成基本的教育之前不要让他攻读数学著作。

柯西从小喜欢文学，上大学后一度专攻古典文学，后来又立志成为军事工程师，他16岁考入巴黎综合工科学校，两年后转入土木工程学院。毕业后被派往英吉利海峡边的瑟堡，为拿破仑入侵英国的军队设计港口和工事，这时他开始利用业余时间研究数学，赢得一片赞誉。返回巴黎后，拉普拉斯和拉格朗日都适时劝说他献身数学，而拿破仑的垮台也宣告他的工程师梦想破灭。27岁那年，他受聘综合工科学校的数学和力学教授，并替补因追随拿破仑被逐的蒙日成为科学院院士。此后除因拒绝宣誓效忠新国王在国外旅居数年以外，他的生活十分安定。

柯西把自己在分析方面的许多工作都写进了综合工科学校的讲义，这些以严格化为目的的教材内容包括变量、函数、极限、连续性、导数和微分等微积分学基本概念。例如，他率先把导数定义为下列差商

$$\frac{\Delta y}{\Delta x} = \frac{f(x+\Delta x)-f(x)}{\Delta x}$$

当 Δx 无限趋近零时的极限，并把函数的微分定义为 $\mathrm{d}y = f'(x)\,\mathrm{d}x$。柯西还对数列和无穷级数的极限进行了严格化处理，建立了"柯西收敛准则"，这个准则对数列的情形表述如下："数列 x_n 收敛的充分必要条件是：对于任意给定的 $\varepsilon > 0$，存在正整数 N，当 $m > N$，$n > N$ 时，就有 $\left| x_m - x_n \right| < \varepsilon$。"

此外，微分学中的柯西中值定埋是上一章谈及的拉格朗日中值定理的推广，而下述被称为"微积分学基本定理"的结论也是由柯西严格表述并证明的：设 $f(x)$ 是 $[a, b]$ 上的连续函数，对于 $[a, b]$ 上的任意一点 x，由

$$F(x) = \int_a^x f(x)\mathrm{d}x$$

定义的函数就是$f(x)$的原函数，即$F'(x)=f(x)$。

　　柯西给出的许多定义和论述基本上已是微积分的现代形式，这是向分析严格化迈出的关键一步。据说他在巴黎科学院宣读有关级数收敛性的论文时，台下年事已高的拉普拉斯听呆了，会后他急急忙忙地赶回家里，从书架上取下五卷本的《天体力学》，用柯西提供的准则检查里面用到的级数全都收敛才放下心来。尽管如此，柯西的理论还是存在着漏洞，还只是比较严格，例如，他经常用到"无限趋近"，"想要多小就多小"等直觉语言，而在证明作为和式极限的连续函数积分的存在性等问题时却需要实数的完备性。

　　此时，法国在分析研究方面已经后继乏人，反而在德国有个中学数学老师接过接力棒，他就是魏尔斯特拉斯（1815～1879）。就在拿破仑遭遇滑铁卢那年，魏尔斯特拉斯出生在德国西部的威斯特法伦。他年轻时选错职业，在法律和财经研究上浪费了时间，26岁以后又在故乡及邻近的几所中学里默默度过了15年，教数学也教物理、植物学和体育。直到1857年即柯西去世那年，42岁的他才刚被聘为柏林大学的助理教授。虽说魏氏与比小他35岁的俄国女数学家柯瓦列夫斯卡娅（1850～1891）有着非同寻常的友谊（偏微分方程解的存在唯一性定理被称为柯西-柯瓦列夫斯卡娅定理），但他却和自己的三个弟妹一样终生未婚。

　　说到柯瓦列夫斯卡娅，她是一位美丽传奇的女子。出生于莫斯科，父亲是一位将军，母亲是德国人的后裔。那时俄国不准女子出国留学，就像印度的婆罗门青年甘地（1859～1948）曾遭遇的那样，不得已她通过与一位学生物的大学生柯瓦列夫斯基假结婚来到德国。起初她在海德堡大学师从德国物理学家赫姆霍兹（1821～1894，能量守恒定律的发现者），后又到柏林请魏尔斯特拉斯担任私人教师。1874年，她以一篇偏微分方程的论文缺席在哥

中学老师出身的魏尔斯特拉斯

俄国数学家柯瓦列夫斯卡娅

廷根大学获得博士学位，成为人类历史上第一个女博士，导师是魏尔斯特拉斯。1888年，她又匿名投寄一篇有关刚体绕固定点旋转的论文获得法国科学院大奖，同年由数学家切比雪夫等推荐当选俄罗斯科学院通讯院士，成为历史上第一个女院士。她死后出版的小说《维拉·伏龙佐夫》（1993）描写了早年在俄国的生活，曾广为流传。

在那个年代，由于对实数系缺乏认识，存在一个普遍的错误，就是认为凡连续函数都是可微的，魏尔斯特拉斯却举出一个处处连续但处处不可微的函数，震惊了数学界。这个例子是这样的：

$$f(x) = \sum_{n=0}^{\infty} b^n \cos(a^n \pi x)$$

这里 a 是奇数，$b \in (0, 1)$，$ab > 1 + \dfrac{3\pi}{2}$。

那以后，魏尔斯特拉斯创立了我们今天熟知的 $\varepsilon - \delta$ 语言，来代替柯西的"无限趋近"，并给出了实数的第一个严格定义，他也因此被誉为"现代分析之父"。魏尔斯特拉斯是从自然数出发先定义有理数，再通过无穷多个有理数的集合来定义实数，然后通过实数建立起极限和连续性等概念。后来，他的同胞戴德金（1831～1916）和康托尔（1845～1916）分别从有理数的分割和极限重新定义实数，并借此证明了实数的完备性。康托尔本是圣彼得堡出生的丹麦人，后来才归化为德国人，他以创立集合论闻名。康托尔是魏尔斯特拉斯的学生，他和戴德金（高斯的学生）虽然是竞争者，但却相互影响和鼓励，并一直保持着通信联系。

阿贝尔和伽罗华

就在拿破仑在圣赫勒拿岛去世那年，即1821年，在欧洲大陆的最北端，19岁的挪威青年阿贝尔进入了奥斯陆大学。三年以后，他自费出版了一本小册子《论一般五次代数方程之不可解性》，其中证明了以下结果：如果一个多项式的次数不少于五次，那么任何由它的系数组成的根式都不可能是该方程的根。这个结果的意义非常重大，自从中世纪的阿拉伯数学家将二次方程理论系统化，文艺复兴时期的意大利数学家通过公开辩论解决了三、四次方程的求解问题，两百多年来数学家们渴望解破的就是五次和五次以上的方程。

阿贝尔出生在挪威西南城市斯塔万格附近的芬岛，是个穷牧师的儿子，有七个兄弟姐妹。挪威如今已是欧洲最富裕的国家之一，但那时候经济十分糟糕，之前还没有出过一个有名的科学家。所幸阿贝尔在教会学校遇到一位优

早夭的数学天才阿贝尔

秀的数学老师，少年时代便阅读了欧拉、拉格朗日和高斯的著作。他自以为找到五次方程的解法，当时的挪威无人可以判断真假，于是就把文章寄到了丹麦。不料丹麦人也没看出对错，只请作者给出更多的例子，这回是他自己发现了问题。以后他便把精力转向否定方面，并最终取得了成功，那时他已是奥斯陆大学的学生了。

阿贝尔有了名声之后，向政府申请到一笔旅费，准备去德国和法国游学，但被要求先在祖国学好德语和法语。23岁那年，刚刚大学毕业的阿贝尔开始了远足，他先是来到柏林，在那里交往了一位出版家朋友，后者在他的《纯粹数学与应用数学杂志》创刊号上发表了阿贝尔的七篇论文，其中包括五次方程的不可解性的证明，这也是现存最古老的数学杂志。与此同时，阿贝尔了解到，包括高斯在内的那些收到他论文的大数学家均没有认真阅读，于是以渐增的痛苦绕过哥廷根，直接去了巴黎。同样，柯西和其他法国数学家也漠视了阿贝尔的工作。

等到两年后回到祖国，阿贝尔已经染上肺结核，贫寒交迫，仅仅依靠做家庭教师和朋友的资助维生。此时，才有一些欧洲的同行认识到他工作的价值，五次方程之不可解性证明只是其中的一小部分，所谓的阿贝尔定理奠定了代数函数的积分理论和阿贝尔函数的基础，交换群中的阿贝尔方程理论则大大推进了椭圆函数的研究。后者作为双周期的亚纯函数，最初是从求椭圆弧长时引出来的。椭圆函数论可以说是复变函数论在19世纪最光辉的成就之一，不过德国数学家雅克比（1804～1951）也独立做出了相同的结果。1829年春天，经过那位出版家朋友的努力，柏林大学终于提供了教授职位，但就在聘书寄达奥斯陆两天前，阿贝尔与世长辞了。

阿贝尔死后不久，数学界便意识到他工作的重要性，如今他被公认为是现代数学的先驱和19世纪最伟大的数学家之一，甚至最高面值的挪威克朗上也印有他的肖像。阿贝尔可能是第一个扬名世界的挪威人，他取得的举世瞩

挪威克朗上的阿贝尔

目的成就激发了同胞们的才智。阿贝尔去世的头一年，挪威诞生了伟大的戏剧家易卜生（1828～1906），接下来还有作曲家格里格（1843～1907）、艺术家蒙克（1863～1944）和探险家阿蒙森（1872～1928），每一位都蜚声世界。其中阿蒙森以率先抵达南极闻名，他所使用的交通工具是狗拉雪橇。

阿贝尔在否定五次或五次以上方程存在一般解的同时，也考虑了一些特殊的能用根式求解的方程，其中一类即"阿贝尔方程"，在这项工作中，他实际上引进了抽象代数里"域"的概念。早在18世纪的最后一年，高斯在他的博士论文中率先证明：n次代数方程恰好有n个根（代数基本定理）。这给了数学家们以信心。在阿贝尔的工作之后，他们便面临这样一个问题：什么样的方程可以用根式来求解？这个问题将由另一位早夭的天才伽罗华来回答，他在阿贝尔去世后的两年时间里，迅速建立起了判别方程根式可解的充分必要条件。

伽罗华的思想是将一个n次方程的n个根作为一个整体来考察，并研究它们之间的重新排列（置换）。举例来说，设四次方程的四个根为x_1，x_2，x_3，x_4，则将x_1和x_2交换就得到一个置换，

$$p = \begin{pmatrix} x_1 & x_2 & x_3 & x_4 \\ x_2 & x_1 & x_3 & x_4 \end{pmatrix}$$

连续实行两次置换得到的一个新置换定义为这两个置换的乘积，所有可能的置换构成一个集合（这个例子里共有4! = 24个元素）。这种乘法是封闭的（相乘后仍在其中），满足结合律：$(p_1p_2)p_3 = p_1(p_2p_3)$，且存在单位元素（恒等置换）和逆元素（相乘以后为恒等元素）。

满足上述条件的集合叫群（如果乘法还满足交换律则称为交换群或阿贝尔群），上述实例叫置换群。伽罗华考虑了方程根的置换群中某些置换组成的子群（拥有群的性质的子集合），它必须满足一定的代数性质，这样的群现在被称为伽罗华群。以四次方程 $x^4 + px^2 + q = 0$ 为例，它的四个根分成互为正负的两对，即 $x_1 + x_2 = 0$，$x_3 + x_4 = 0$，其伽罗华群中的置换在域 F 中也满足上述两个等式，这里 F 是 p 和 q 的有理表达式形成的域。可以验证，上述伽罗华群仅有 8 个元素（置换）。最为关键的，伽罗华证明了，只有当伽罗华群是所谓的可解群时，方程才是根式可解的。事实上，对于伽罗华群，只有当它的阶数 $n = 1$，2，3 或 4 时，才是任意可解的。

1811年秋天。伽罗华出生在巴黎南郊一座叫雷讷堡的小镇，家境原本优裕。他的父亲积极参加法国大革命，当拿破仑从流放的厄尔巴岛返回巴黎，再次执掌政权（堪称回光返照的百日政变）时，甚至被选为镇长。伽罗华从小接受良好的教育，但18岁时，父亲因遭人诬陷愤而自杀，他本人报考巴黎综合工科学校未果（可能是知识偏颇未能通过面试），后来进了巴黎高师，次年便因为参加反对波旁王朝的运动遭校方开除，不久被当局抓捕并判刑。获释后伽罗华又愚蠢地谈了一场恋爱，并因为情人决斗而死去，那是在1832年春天，年仅20岁。伽罗华葬在故乡的公墓里，但具体位置无人知晓。

和阿贝尔一样，伽罗华在读中学时遇到一位好的数学老师，把他带入奇妙的世界，很快他抛开教科书，直接阅读拉格朗日、欧拉、高斯和柯西等大师的原作，并构造出群的概念。本来伽罗华人在巴黎，又在名校读

数学界的兰波：伽罗华

伽罗华纪念碑，巴黎南郊雷讷堡

书，可以避免像阿贝尔那样的不幸。不料他递交给法国科学院的三篇论文
也被柯西等大数学家忽视甚或遗失，幸好他参加决斗的前夜预感到自己的
结局，以给一个朋友信的形式写下了数学遗嘱，加上其他手稿，给后世的
数学家留下了珍贵的遗产。值得一提的是，伽罗华生前只发表一篇短文，
死后收集到的文稿总共也才60页。

伽罗华的工作开启了近世代数的研究，这不仅是解决了方程可解性这
个三百多年的数学难题，更重要的在于，包括运算对象在内的群的概念
（与元素的对象无关，置换群只是其特例）的引进导致了代数学在对象、
内容和方法上的深刻变革。随着数学和自然科学的发展，群有着越来越广
泛的应用，从晶体结构到基本粒子、量子力学，等等。1900年，普林斯顿
的一位物理学家在与一位数学家讨论课程设置时说，群论无疑可以删除，
因为它对物理没有任何用处。可是不到20年，就有三本有关群论与量子力
学的专著出版了。

与此同时，我们也看到，阿贝尔和伽罗华等人的工作迫使代数学家把

注意力从解方程中解放出来，把更多的精力投入到数学内部的发展和革新。

　　值得一提的是，比伽罗华早两年出生的法国同胞刘维尔（1809～1882）也是一位数学天才，他16岁入巴黎综合工科学校，后留校作了一名助教，他是代数数的有理逼近和超越数论的奠基者。所谓代数数和越超数是这样定义的，如果一个复数是某个整系数多项式方程的根，那么叫作代数数，不是代数数的就是超越数。超越数的概念最早出现在欧拉的著作《无穷分析引论》（1748）。1844年，刘维尔第一个证明了超越数的存在性，他通过无穷级数构造了无数个超越数。特别地，下列无穷小数是超越数

$$\sum_{i=1}^{\infty}\frac{1}{10^{i!}}=0.1100010000\cdots$$

这个数被称为刘维尔常数，这是人类对数的认识的一次飞跃。1873年，法国数学家埃尔米特（1822～1901）证明了自然对数的底 e =2.7182818…是超越数；1882年，德国数学家林德曼（1852～1939）证明了圆周率 π 是超越数。值得一提的是，林德曼的博士导师是F. 克莱因，他自己执教哥尼斯堡大学期间，指导希尔伯特和闵可夫斯基在同一年获得了博士学位，正是这三位成就了哥廷根数学学派。

　　可是，我们至今不知道 e +π 是否是超越数，甚至不知道它是否是无理数。同样，欧拉常数

$$\gamma=\lim_{n\to\infty}(1+\frac{1}{2}+\cdots+\frac{1}{n}-\log n)=0.5772156649\cdots$$

是否是有理数？也未见分晓。

哈密尔顿的四元数

在伽罗华提出群的概念之后，代数学领域接下来的一个重大发现是四元数。这是历史上第一次构造出不满足乘法交换律的数系，虽然四元数本身的作用与伽罗华的群理论或阿贝尔的椭圆函数无法相比，可是对于代数学的发展来说却是革命性的。自牛顿去世以后，法国和德国的数学家们始终占据着欧洲的数学舞台，现在终于轮到说英语的人扬眉吐气了，那便是神奇的哈密尔顿。虽说他是爱尔兰人，住在离伦敦四百多公里以外的都柏林，可是在整个19世纪，大不列颠和爱尔兰在名义上是一个国家。

1805年，哈密尔顿出生在都柏林的一个律师家庭，他的母亲也极富智慧。可是，他们或许预见到未来的不测，把小哈密尔顿送到乡下，寄养在当牧师的叔叔家里。这位叔叔是个语言怪才，碰巧哈密尔顿又是个神童，在他

都柏林布鲁姆桥上的碑石，哈密尔顿散步到此发现了四元数组

13岁那年，已经能够流利地讲13种语言了，包括拉丁语、希伯来语、阿拉伯语、波斯语、梵语、孟加拉语、马来语、兴都斯坦语、古叙利亚语。正当哈密尔顿准备学汉语时，他的亲生父母双亡。15岁那年，都柏林来了一个擅长速算的美国神童，比哈密尔顿还年轻一岁，他把他引导到另一个世界。

通过自学，哈密尔顿迅速掌握了解析几何和微积分，他读牛顿的《原理》和拉普拉斯的《天体力学》，指出后者的一个数学错误，引起了人们的注意。第二年，从没有上过学的哈密尔顿以第一名的成绩考进了都柏林的最高学府——三一学院。等到他从大学毕业，已经建立起几何光学这门新学科，并毫无异议地被母校聘任为天文学教授，同时被任命为皇家天文学家，那时他还不满22岁。他的前途与阿贝尔和伽罗华完全两样，30岁那年，哈密尔顿被封为爵士，两年后，又当选爱尔兰皇家科学院院长。

虽说哈密尔顿生前以物理学家和天文学家闻名，但他本人最倾心同时投入精力最多的却是数学，只是由于各种原因，这方面成绩的取得晚了一些。19世纪初，高斯等前辈分别给出了复数$a+bi$的几何表示。不久，数学家们意识到，复数能用来表示和研究平面上的向量。后者在物理学中非常有用，因为力、速度和加速度这些既有大小又有方向的量都是向量，这些向量符合平行四边形法则，而两个复数相加的结果正好也符合这一法则。

用复数来表示向量及其运算有一个很好的便利，也就是不一定要通过几何作图就可以用代数的方法研究它们。但是很快又遇到新的问题，复数的利用是有限制的。由于几个力对物体的作用不一定在一个平面上，这样一来就需要复数的三维形式，人们可能自然地会想到用笛卡尔坐标系（x, y, z）来表示从原点到该点的向量。遗憾的是，不存在三元数组的运算来对应向量的运算。摆在哈密尔顿面前的光荣任务就是，把复数推广使其具备上述运算。

1837年，哈密尔顿发表了一篇文章，第一次指出复数$a+bi$中加号的使用只是历史的偶然，复数可用实数偶（a, b）来表示。他给这种数偶定义了加

法和乘法，即

$$(a, b)+(c, d) = (a+c, b+d)$$

$$(a, b) \cdot (c, d) = (ac-bd, ad+bc)$$

同时，他还证明了这样两种运算是封闭的，并具有交换律和结合律。这是哈密尔顿迈出的第一步，接下来，他就想把这种实数偶推广到任意元数组，使之具备实数和复数的基本性质。经过长期的努力以后，他发现所要找的新数至少有四个分量，此外，还必须要放弃自古以来数的乘法都满足的交换律。他把这种新数命名为四元数。

四元数的一般形式为 $a+bi+cj+dk$，其中 a、b、c、d 为实数，而 i、j、k 满足 $i^2=j^2=k^2=-1$，$ij=-ij=k$，$jk=-kj=i$，$ki=-ki=j$。这样一来，任何两个四元数可以按上述规则相乘，例如设 $p=1+2i+3j+4k$，$q=4+3i+2j+k$，则

$$pq = -12 + 6i + 24j + 12k, \quad qp = -12 + 16i + 4j + 22k$$

这里 $pq \neq qp$，但"结合律"却存在，哈密尔顿亲自验证并第一次使用四元数这个词。哈密尔顿做出这个发现是在1843年，他开启了代数学的一扇大门，从此以后，数学家们可以更加自由地构造新的数系。

必须指出的是，哈密尔顿的四元数虽然具有重大的数学意义，但却不适用于物理学。经过德国、英国和美国的多位数学家共同努力，把四元数定义中第一项和后三项分开，让后三项组成一个向量，同时重新定义 i，j，k 之间的两种运算——点积和叉积，那便是今天我们在空间解析几何里学到的向量运算或向量分析，它在物理学里有着广泛的应用。与此同时，也有了更一般的有序 n 元数组，那是德国数学家格罗斯曼（1809～1877）于1844年给出的。而矩阵也成为独立的研究对象，它不仅用途极广，且与四元数一样不满足乘法交换律。

遗憾的是，四元数理论后来也与某些数学发现一样，成为"数学史上一件有趣的古董"，而哈密尔顿晚年却错误地以为它是解开物质宇宙秘密的关键，认定它对于19世纪的重要性就像17世纪牛顿的流数法。事实上，四元数理论诞生以后就完成了它的历史使命，哈密尔顿却把一生的最后20年投身于这个理论的推演，这对他那样伟大的科学家来说无疑是一个悲剧。而在大西洋彼岸数学尚欠发达的美国，四元数理论的确曾经风靡一时，新成立的美国科学院的院士们把哈密尔顿推选为第一个外籍院士。

在哈密尔顿去世前八年（1857），英国数学家凯利（1921～1895）从线性变换中提取出了矩阵的概念及运算法则，发现矩阵的加法满足交换律和结合律，而乘法仅满足结合律和与加法的分配律，但与四元数一样不满足交换律。例如

$$\begin{pmatrix} 1 & 0 \\ 0 & 0 \end{pmatrix}\begin{pmatrix} 0 & 1 \\ 0 & 1 \end{pmatrix} = \begin{pmatrix} 0 & 1 \\ 0 & 0 \end{pmatrix} \neq \begin{pmatrix} 0 & 0 \\ 0 & 0 \end{pmatrix} = \begin{pmatrix} 0 & 1 \\ 0 & 1 \end{pmatrix}\begin{pmatrix} 1 & 0 \\ 0 & 0 \end{pmatrix}$$

矩阵理论的重要性当然不容我们多说了，正是依赖于这个新概念，哈密尔顿的名字才走出数学史，在今天的《高等代数》课程里留下永久的纪念，即下列所谓的哈密尔顿-凯利定理：

设 A 是数域 P 上的一个 n 阶方阵，$f(\lambda) = \left| \lambda E - A \right|$（行列式）是 A 的特征多项式，则 $f(A) = 0$（零矩阵）。

1925年，物理学家波恩和海森堡发现，最能表达他们新思想的恰好是矩阵代数，即某些物理量可以用不能交换的代数对象表示，从而产生了著名的测不准原理。值得一提的是，矩阵（matrix）这个词是由凯利的合作者、同胞数学家西尔维斯特（1814～1897）命名的。凯利还率先引入了 n 维空间的概念，详细讨论了四维空间的性质，他和西尔维斯特共同建立了代数不变量

开创英国数学又一个辉煌时期的凯利

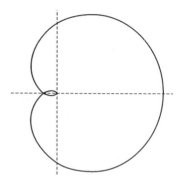

凯利的蚌线

理论，在量子力学和相对论的创立过程中发挥了作用。同样值得一提的是，凯利是促使剑桥大学招收女生的主要推动者，而西尔维斯特由于一段时间在美国执教，又成了新大陆数学事业的先驱。

　　凯利的父亲是一位在圣彼得堡经商的英国人，母亲有俄罗斯血统。在一次回乡探亲期间，降生在英国，但他的童年在俄国度过。可以想象，凯利的父亲反对儿子以数学为职业，终被中学校长说服，后来他成为英国历史上最多产的数学家，他和哈密尔顿、西尔维斯特一起开创了牛顿之后英国数学的又一个辉煌时期。有意思的是，在成为举世公认的大数学家之前，凯利和西尔维斯特都做过一段时间的开业律师，其中凯利作为转让财产的法律专家长达14年，过着富裕的生活，但却始终未中断数学研究，这不由让人想起20世纪美国大诗人斯蒂文斯（1879～1955），后者毕生担任一家保险公司的副总经理。

几何学的变革

几何学的家丑

就在代数学获得新生的同时，在数学的另一大领域——几何学——的内部也正悄悄地发生着革命性的变化。可是由于几何学的历史沉淀要厚实一些，牵涉人类的思想，这样的变革就更为不易。我们必须要追溯到古希腊，欧几里得几何在数学的严格性和推理性方面树立起了典范，两千多年来，它始终保持着神圣而不可动摇的地位。数学家们相信欧几里得几何是绝对真理，例如巴罗曾逐条列出理由来加以肯定和颂扬，而他的学生牛顿也将他自己创立的微积分披上欧氏几何的外衣。

笛卡尔的解析几何虽然改变了几何研究的方法，但从本质上并没有改变欧氏几何本身的内容，他自己在每一次几何作图后都要小心翼翼地给出另外的证明。与笛卡尔同时代或后来的哲学家霍布斯（1588～1679）、洛克（1632～1704）、莱布尼茨、康德和黑格尔（1711～1776）也都是从各自的观点认定欧氏几何是明白的和必然的，康德在《纯粹理性批判》中甚至声称，来自直观的意识迫使我们只按一种方式来观察外部世界，他同时借此断言，物质世界必然是欧几里得式的，并认为欧氏几何是唯一的和必然的。

可是，早在1739年，即康德上大学的前一年，苏格兰哲学家休谟却在一本著作中否定宇宙中的事物有一定法则。他的不可知论表明，科学是纯粹经验性的，欧几里得几何的定理未必是物理的真理。事实上，欧几里得几何也

不可知论者休谟

苏格兰人普莱菲尔

的确并非无懈可击，从它诞生那一刻起，就有一个问题困扰着数学家们，那就是第五公设。它的叙述不像其他四条公设那样简单明了，当时就有人怀疑它不像一个公设而更像一个定理。这条被达朗贝尔戏称为"几何学的家丑"的著名公设是这样叙述的，

如果同一平面内一直线同另外两直线相交，同一侧的两内角之和小于两直角，则两直线无限延长时，必在这一侧相交。

为了遮掩这一"家丑"，数学家们做了两方面的努力，一是试图用其他公设和定理证明之，如第四章提到的波斯数学家欧玛尔·海亚姆和纳西尔丁的尝试，二是努力寻求一条容易接受、更加自然的等价公设替代之。历史上，这种用来替代的公设不下10条，其中最有名的也是现在出现在教科书上的是由18世纪的苏格兰数学家、物理学家普莱菲尔（1748～1819）提供的（也称普莱菲尔公设），即

过已知直线外一点，能且仅能作一条直线与已知直线平行。

需要指出的是，早在那两位波斯数学家之前，2世纪的古希腊天文学家托勒密（可能是历史上第一个）便尝试并以为自己证明了平行公设，但5世纪的同胞哲学家普罗克洛斯发现，托勒密的证明中用到了上述普莱菲尔公设。也就是说，普莱菲尔公设并非这位苏格兰人首创。

接下来的历史是一段空白，因为甚至欧几里得的《几何原本》也在欧洲消失了，只有熟读阿拉伯文的波斯人可以看到并作了研究。等到中世纪以后这本书从阿拉伯文版本译成拉丁语，第五公设才重新摆在欧洲数学家面前，沃利斯对这个问题进行了几番探究，但他的每一种证明要么隐含了另一个等价的公设，要么存在其他形式的推理错误。直到18世纪中叶，终于有三位名声不大响亮的数学家取得了一些有意义的进展。

事实上，这三位数学家所用的方法与欧玛尔·海亚姆和纳西尔丁的尝试并无本质的区别，同样是考虑了等腰双直角四边形 $ABCD$，其中 $\angle A = \angle B$ 为直角，再用归谬法排除 $\angle C = \angle D$ 为锐角和钝角的情形，但却栽在钝角假设上。经过一番努力以后，在一位意大利同行的工作基础上，一位德国人对第五公设能否由其他公设或公理加以证明首先表示了怀疑，而另一位瑞士人则认为一组假设如果引起矛盾的话，就有可能提供一种新的几何。后两位数学家都接近了成功，却由于某种原因退却了，不过，他们仍是非欧几何学的先驱。

非欧几何学的诞生

以往我们已经提到过由两位数学家同时开创出一门新学科的例子，例如笛卡尔和帕斯卡尔发明了解析几何，而牛顿和莱布尼茨创立了微积分。现在我们要谈到的非欧几何学的诞生则更为稀罕，因为共有三位不同国度的数学家参与

罗巴切夫斯基肖像

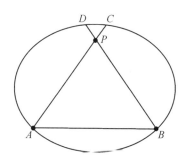

罗巴切夫斯基几何图例

其中，并在相互不知情的情况下用相似的方法导出了非欧几何学。这三位数学家是德国的高斯、匈牙利的鲍耶和俄罗斯的罗巴切夫斯基，前一位早已大名鼎鼎，后两位均是初出茅庐，并主要是以这一项工作名垂史册。

在前人工作的基础上，这三位数学家都是从普莱菲尔公设出发，判定过已知直线外一点能作多于一条、恰好一条或没有一条直线平行于已知直线这三种可能性，分别对应于前文所说的锐角假定、直角假定和钝角假定。这三位数学家中的每一位都相信在第一种情况下能够得出相容的几何，虽然他们并没有证明这种相容性（即锐角假定与直角假定并不矛盾），但都实现了锐角假定下的几何的和三角的推演。至此，新的几何学便建立起来了。

下面我们举一个简单的例子。考虑任意一条二次曲线（例如椭圆）围成的区域，它可以看成是一个罗巴切夫斯基空间。如图所示，椭圆上任何两点 A、B（无穷远点）的连线被定义为直线，则从椭圆内（包括边界）直线 AB 外任意一点 P 均可引两条直线与 AB 相交于 A、B，其延长线则分别交圆于 C、D。用德扎尔格提出的观念和定义（参见第五章），相交于无穷远点的两条直线即相互平行，这样一来，直线*APC*和*BPD*均与*AB*平行。

值得注意的是，上述例子虽然简单明了，却并没有一一满足欧几里得的前四个公设。不过，我们可以对此加以修补。依然是任意一个椭圆，只不过要用曲线来代替直线，这些曲线满足欧几里得的前四个公设，且在两个端点处与椭圆相互垂直。在这种情况下，我们甚至可以作无穷多条曲（直）线与已知曲（直）线平行。

高斯将这一新的几何学命名为"非欧几何学"，这使得所有的几何学都用那位幸运的古希腊数学家的名字命名，这在其他科学分支中未曾见到过。但除了在给朋友的信中略有透露以外，高斯生前没有公开发表过任何这方面的论著，或许是他感到自己的这一发现与当时流行的康德的空间哲学（前文已提及）相违背，担心受到世俗的攻击，"黄蜂就会围着耳朵转"，因为那时的他已经是全欧洲的名人。这样一来，就给了两位年轻的后生出名的机会，这一至高的荣誉无疑也属于他们各自的祖国。

鲍耶（1802～1860）是阿贝尔的同龄人，他出生的小镇属于一个叫特兰西瓦尼亚的大区，即今天罗马尼亚的克卢日。在第一次世界大战结束以前，这个

匈牙利邮票上的鲍耶

老鲍耶的故居，与高斯故居相邻。作者摄于哥廷根

历史地理区有八个多世纪隶属于匈牙利。鲍耶的父亲早年就读于哥廷根大学，是高斯的同学和终身好友，后来回到特兰西瓦尼亚，在特尔古穆列什的一所教会学校执教了半个世纪。在父亲的教导下，鲍耶少年时代就学习了微积分和分析力学，16岁考入维也纳帝国工程学院，毕业后分配到军事部门工作，但却一直迷恋于数学尤其是非欧几何学的研究。

可是，当老鲍耶（1775～1856）得知儿子的志趣时，坚决反对并写信责令其停止研究："它将剥夺你所有的闲暇、健康、思维的平衡以及一生的快乐，这个无底的黑暗将会吞吃掉一千个灯塔般的牛顿。"尽管如此，做儿子的仍执迷不悟，23岁那年他乘着放寒假探亲，把写成的论文带回家请父亲过目，仍不被接受。直到六年以后，老鲍耶自己要出版一本数学教程，才勉强答应把儿子的结果放在附录里，但被压缩至24页。同时，老鲍耶把这份附录的清样寄给高斯，没想到的是，在迟迟收到的回信里，这位老同学称他30年前就已经得到这一结果。

不出所料，这部著作及其附录的发表没有引起任何反响，第二年，鲍耶又不幸遭遇了车祸致残，退役回到了故乡，并和父亲一样经历了糟糕的婚姻。所不同的是，儿子比老子多了一个磨难——贫穷，加上俄国方面又传来罗巴切夫斯基创立新几何的消息，鲍耶只得在文学写作里寻求安慰，却又没有取得成功。直到鲍耶郁郁寡欢死去三十多年以后，匈牙利方面才修复了他的墓地，并建造了一座塑像供人瞻仰。后来，匈牙利科学院又设立了以鲍耶名字命名的国际数学奖，数学大师庞加莱、希尔伯特以及物理学家爱因斯坦先后获得此项奖励。

现在，我们来谈谈最先发表非欧几何学的罗巴切夫斯基（1792～1856），他比鲍耶早10年出生在莫斯科以东约四百公里处的下诺夫格罗德，做神职工作的父亲早逝，幸亏母亲勤劳、顽强而开明，把三个儿子都送到三百多公里以外（与莫斯科相反方向）的喀山中学就读，其中罗巴切夫斯基将在那里度过余生。四年以后，年仅14岁的他进入了喀山大学。喀山是俄罗斯联邦第一大少数民族所在的鞑靼共和国首府，喀山大学后来成为莫斯科和圣彼得堡以外最令人尊敬的学府，可是在罗巴切夫斯基时代，它尚且默默无闻。

与前文提到的那些数学家一样，罗巴切夫斯基在中学和大学里都遇到了优秀的数学老师。在他们的引导下，他在掌握了多门外语以后认真阅读了一些大数学家的原著，并展现了自己的才华。他那富于幻想、倔强和有些自命不凡的个性使他经常违反学校纪律，却得到了教授们的欣赏和庇护。硕士毕业以后留校工作，依靠他卓越的行政能力和非欧几何学以外的学术成就，顺利得到升迁，直至做了教授、系主任乃至一校之长，列夫·托尔斯泰（1828~1910）进入东方语言系（后来还有列宁进入法律系）时他正好担任校长。

虽说罗巴切夫斯基在官场上春风得意，但他在非欧几何学方面的工作却迟迟未能得到承认，因为俄国是个落后的国家，之前还没有出现一位闻名欧洲的大数学家，不敢贸然承认这项伟大的发明。1823年，罗氏撰写了一本小册子《几何学》，部分包含了他的新思想，但在科学院审读时被否定了。三年后，他在系学术报告会上讲述了他的发明，却被他的同事们认为荒诞不经，没有引起任何的注意，甚至手稿也被遗失。又过了三年，已是一校之长的罗氏在俄文版的《喀山大学学报》上正式发表他的结果，他的工作才缓慢地传递到西欧。

无论如何，一门新的几何学终于宣告诞生了，它被后人称作罗巴切夫斯基几何。可是，高斯和鲍耶的名字并没有用来为新几何学冠名，鲍耶在他父亲著作的附录里称它为绝对几何学，而罗巴切夫斯基则在他的论文里称它为虚几何学。那时候，新几何学的影响力十分有限，人们对它半信半疑。直到高斯去世，他那有关非欧几何学的笔记本被公之于众，由于高斯的地位和名望，人们的目光才一下子聚拢过来，"只能有一种可能的几何学"的信念才动摇了。

最后，我们扼要地介绍一下"数学王子"——高斯。1777年，高斯出生在德国中北部小城不伦瑞克的一个农民家庭，是母亲唯一的孩子。据说高斯 5 岁

邮票上的高斯整数　　　　　高斯纪念碑座基上的正十七角星。作者摄于不伦瑞克

时就发现父亲账簿上的一处错误。高斯 9 岁那年在小学读书，一次他的老师为了让学生们有事干，叫他们把从 1 到 100 这些数加起来，高斯几乎立刻得出了正确的答案: 5050，原来，他已经在脑子里对这个算术级数求了和。那以后，高斯获得了不伦瑞克公爵的资助，直到公爵本人去世。

　　起初，高斯在做个语言学家抑或数学家之间犹豫不决。他决心献身数学是在快满19岁时，他利用数论方法，对正多边形的欧几里得作图理论（只用圆规和没有刻度的直尺）做出了惊人的贡献。尤其是，发现了作正17边形的方法，这是一个有着两千多年历史的数学悬案。高斯初出茅庐，就已经炉火纯青了，而且以后的五十年间他一直维持这样的水准。1801年，年仅24岁的高斯出版了《算术研究》，从而开创了现代数论的新纪元。书中出现了有关正多边形的作图，方便的同余记号以及优美的二次互反律的首次证明等。

　　上面我们提到的只是高斯年轻时在数论领域的贡献，在他漫长的一生中，几乎在每个数学领域都有开创性的工作。此外，他也是那个时代最伟大的物理学家和天文学家之一。但数论，无疑是高斯的最爱，他称其为"数学的皇

后"。高斯曾谈道:"任何一个花过一点工夫研习数论的人,必然会感受到一种特别的激情与狂热。"现代数学"最后一个百事通"——希尔伯特的传记作者在谈到大师放下代数不变量理论转向数论研究时也指出:"数学中没有一个领域能够像数论那样,以它的美———一种不可抗拒的力量,吸引着数学家中的精华。"或许,这是高斯迟迟没有发表非欧几何学工作的另一个原因。

黎曼几何学

非欧几何学诞生以后,尚需要建立自身的相容性或无矛盾性,以及现实意义。虽然罗巴切夫斯基毕生致力于这个目标,但却始终未能实现。值得安慰的是,在罗氏去世前两年,即1854年,德国伟大的数学家黎曼(1826～1866)发展了他和其他人的思想,建立起一种更为广泛的几何学,即现在所称的黎曼几何学,罗巴切夫斯基几何和欧几里得几何都是这种几何学的特例。在黎曼之前,数学家们都认为钝角假设与直线可以无限延长的假设矛盾,因此取消了这个假设,现在他又把它找了回来。

首先,黎曼区分了"无限"和"无界"这两个概念,认为直线可以无限延长并不意味着就其长短而言是无限的,而只不过是说,它是没有端点或无界的(例如开区间)。在做了这个区分之后,可以证明,钝角假设也与锐角假设一样,可以无矛盾地引申出一种新的几何,即黎曼几何,后

高斯最得意的弟子黎曼

人也称之为椭圆几何，而罗巴切夫斯基几何和欧几里得几何分别称为双曲几何和抛物几何。在黎曼眼里，普通球面上的每个大圆都可以看成是一条直线，不难发现，任意两条这样的"直线"都是相交的。

黎曼的研究是以高斯关于曲面的内蕴微分几何为基础的，后者也是19世纪几何学的重大突破之一。在蒙日开创的微分几何中，曲面是在欧氏空间内考察的，但高斯的论文《关于曲面的一般研究》（1828）则提出了一种全新的观念，即一张曲面本身就构成一个空间，它的许多性质（如距离、角度、总曲率）并不依赖于背景空间，这种以研究曲面内在性质为主的微分几何称为"内蕴微分几何"。值得一提的是，中国数学家陈省身（1911~2004）率先给出了高维紧致黎曼流形上的高斯–博内公式的内蕴证明，成为现代微分几何学的出发点，并将示性类引入其中；而他的学生丘成桐（1949~）所证明的卡拉比猜想则是在给定里奇曲率的条件下求出黎曼度量，这个猜想在超弦理论中扮演十分重要的角色，这项成果帮助他获得1983年的菲尔兹奖。

1854年，在担任哥廷根大学无薪讲师（仅从修课学生的学费中提取酬劳）职位的就职典礼上，黎曼发表了题为《关于几何基础的假设》的演说（高斯从黎曼提供的三个题目选中这一篇），他把高斯的内蕴几何学从欧氏空间推广到任意n维空间。黎曼把n维空间称作一个流形，把流形中的一个点用n元有序数组（参数）来表示，这些参数也叫作流形的坐标。同时，黎曼定义了距离、长度、交角等概念之后，还引进了流形曲率的概念，尤其让他关注的是所谓的常曲率空间，即每一点上曲率都相等的流形。

对于三维空间，这种常曲率共有三种可能性，即

曲率为正常数；曲率为负常数；曲率为零。

黎曼指出，第二种和第三种情形分别对应于罗巴切夫斯基几何和欧氏几何，而第一种情形对应的正是他自己创造的几何。在这种几何里，过已知直线外一点不能作任何直线平行于该已知直线。可以说，黎曼是第一个理解非欧几何学全部意义的数学家。

现在还剩下一个问题，在锐角假定的相容性被证明之前，平行公设对于欧氏几何其他公设的独立性尚难保证。幸运的是，这一点很快就被来自意大利、英国、德国和法国的数学家各自独立地证实了。他们所用方法的共同点是，提出欧氏几何的一个模型，使得锐角假定的抽象思维在其上得到具体解释。这样一来，非欧几何学中的任何不相容性将意味着欧氏几何存在对应的不相容性。也就是说，只要欧氏几何没有矛盾，罗氏几何也不会有。这样一来，非欧几何学的合法地位就得到了充分地保障，同时它的现实意义也具备了。

黎曼几何，与罗巴切夫斯基几何一样，有些定理与欧氏几何是相同的。例如，直角边定理（斜边和一条对应直角边相等的两个三角形全等）、等角对等边定理。但是，黎曼几何中有些定理却完全出乎人们的习惯思维。例如，一条直线的所有垂线相交于一点；两条直线可以围成一个封闭的区域。又如，在一个球面上，连接两点的最短路径所形成的曲线是通过这两点并以球心为圆心的大圆的弧。如果将欧氏几何公理中的直线解释为大圆，那么这样的直线是无界但却长度有限，且在这个球面上，没有两条平行直线，因为任何两条大圆均相交。

这样一来，球面上一个三角形就是三个大圆的弧所围成的图形。很容易发现，这样一个三角形的三个内角和大于180度。事实上，我们可以让三角形的两条边同时垂直于另一条边，这样便拥有两个直角。有意思的是，在罗巴切夫斯基几何中，任何一个三角形的内角和

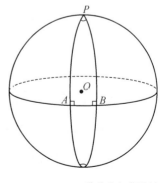

黎曼几何学图例

总是小于180度。不仅如此，面积较大的三角形具有较小的内角和（黎曼几何刚好相反）。另一方面，对罗巴切夫斯基几何来说，相似的三角形必然全等，而两条平行线之间的距离，沿一个方向趋近于零，而沿着另一个方向则趋于无穷。

1826年，黎曼出生在汉诺威附近的一个小村庄，那儿邻近莱布尼茨晚年的居住地和高斯的故乡。他的父亲是路德教牧师，母亲是法庭评议员的女儿。由于经济困难导致的营养不良，使得母亲和多位子女过早死亡。黎曼在父亲的教育下开始学习，对波兰苦难的历史尤感兴趣，极富同情心。不久迷恋上算术，并能够自己发明难题来作弄兄弟姐妹。14岁时，黎曼到汉诺威随祖母生活，就读当地的文科中学，他听从父亲的意愿，想成为一名传教士。没想到校长很赏识黎曼的才华，允许他缺课并借阅自己的藏书，结果他很快就读完勒让德的巨著《数论》和欧拉的微积分学著作。

19岁那年，黎曼进入哥廷根大学学习神学和哲学。他仍忍不住去听高斯等教授的数学课，终于决心改换专业，而他父亲也欣然同意。后来黎曼觉得不过瘾，遂在第二年转到柏林大学。事实上，高斯是个厌恶教学的人，而德国的大学允许学生相互选课。当时的柏林大学有数学家雅克比和狄里克莱（1805～1859），从他们那里黎曼分别学习力学和代数、数论和分析。两年后，黎曼回到哥廷根，直到完成大学学业。那会儿黎曼已经23岁，该轮到高斯指导他了，而他也成为高斯最出色的学生，其博士论文《单复变函数的一般理论基础》得到了高斯难得的高度评价。

黎曼在狄里克莱之后接替了高斯的职位，他晋升教授后即娶妻生女，不久患上胸膜炎和肺病，最后病逝于意大利北部马焦雷湖畔的疗养地塞拉斯卡，享年不到40岁。在他短暂的一生中，黎曼在许多数学领域都做出了开拓性的贡献，影响着后来的几何学和分析学，他关于时空几何极具胆识的思想，更是对近代理论物理的发展有着重要的指导意义，在很大程度上为20世

黎曼故居
作者摄于哥廷根

纪的相对论提供了数学基础。在以黎曼命名的诸多数学概念或命题中，最著名且最具挑战性的无疑是黎曼猜想了。

所谓黎曼猜想是关于下列黎曼 ζ 函数

$$\zeta(s) = \sum_{n=1}^{\infty} \frac{1}{n^s}$$

（在解析延拓到整个复平面之后）的零点假设，它是黎曼在1859年提出来的。已知 $s = -2$，-4，-6，…为其零点（平凡零点）。黎曼猜测，所有的非平凡零点落在 $x = 1/2$ 这条垂线上。这个函数和猜想贯穿了数论（通过欧拉建立的一个恒等式 $\zeta(s)$ 与素数发生了联系）和函数论两大领域，被公认为是数学史上最伟大的猜想，至今尚无人可以望其项背。据说德国数学家希尔伯特弥留之际表示，如果500年以后他能复活的话，最想知道的是，"黎曼猜想是否已被证明？"

艺术的新纪元

爱伦·坡

1809年元月，正当三岁的神童哈密尔顿能够阅读英文，会做算术，准备学习拉丁文、希腊文和希伯来文，刚满六岁的鲍耶和阿贝尔初显数学才华时，一个叫埃德加·爱伦·坡的美国男孩出生在大西洋对岸的波士顿。此时，这个新移民国家尚未出现一位数学家，却已诞生了好几位诗人，比如爱默生和朗费罗。埃德加的双亲都是演员，父亲嗜酒好赌，儿子出生后便离家出走，并一去不返，母亲不久也辞别人世。不到三岁坡就成了孤儿，被弗吉尼亚一位无子嗣的商人爱伦收养（因而他才使用了双姓）。这一点与哈密尔顿倒是相似，因为后者也是从小被寄养在叔叔家里。

六岁那年，埃德加随爱伦夫妇返回英国老家，在那里读了四年小学。回到弗吉尼亚以后，埃德加并不感到幸福，因为他的养父母经常吵架。在学校里，埃德加的功课并不坏，但却爱上一位同学的母亲。按照爱伦·坡的说法，是她激发了他的灵感，让他写出了《致海伦》：

> 海伦，你的美丽对于我
>
> 如同往昔尼西亚的帆船
>
> 在溢香的海上悠然漂过

把劳顿和疲倦的浪子载来

回到古国的岸边

这首诗并非爱伦·坡的顶尖作品，但却表现了他后来诗歌的主题：寻求由美丽女性体现的那种理想。不仅如此，在《写作的哲学》一文中他写道：

我问自己，"根据我们对于人类的普遍认识，在忧伤的题材中，哪一种最忧伤呢？"答案自然是死亡。"那么"，我说，"在什么情况下，这种最忧伤的题材最富有诗意呢？"答案是，"当死亡和美结成最亲密的联盟时。"也就是说，一个漂亮女人的死，毫无疑问，是世上最富有诗意的题材。

这个想法正好是20世纪许多电影导演和制片人遵循的原则。可是，在19世纪20年代，似乎也太超前了。

拿仅仅早爱伦·坡几年出生的美国诗人爱默生和朗费罗来比较，前者的超验主义思想虽然有些消极，但却是一种积极的消极，他自始至终实践着自己的一条基本准则，"忠实于自己"；后者作为叙事长诗的代表诗人，虽说当年轰动一时，他的名字被用来命名流经波士顿的查尔斯河上的一座桥，却被认为表达了某种对神话与"美"的传统世界的向往，每每被后来的批评家们贬低成一位唱流行歌曲、讲浪漫故事的伤感的道德家。

在爱伦·坡看来，爱默生和超验主义者永远也写不出好诗，因为他们局限于积极意义上的逆来顺受思想。另一方面，长诗在他眼里也是不存在的（他主张一首好诗不应该超过50行），诗歌更不是用来培养道德情操或有节奏地讲述故事的工具。他固执己见的想法是，真正的艺术作品应该独立存在。36岁那年，他的代表作《乌鸦》问世，使他一举成名。这首诗集中体现

现代主义文学之父爱伦·坡

马奈为《乌鸦》所作插图

了他的象征主义诗歌美学，即通过创造神圣美追求快乐和愉悦。诗中大量运
用乌鸦、雕像、门房等各种意象表达哀思之情， 从而揭示 "美妇之死" 这
一神圣美的主题。可是不幸的是，爱伦·坡对朗费罗的攻击，使他成为大众
的笑料，也损害了日益增长的诗歌名誉、地位和健康。

爱伦·坡17岁那年，曾爱上一个叫萨拉的姑娘，这回他的爱情有了回
报。但当他进入弗吉尼亚大学，萨拉的父母出面干涉了，结果她嫁给了别
人。上个世纪90年代，作者到访弗大期间了解到，他在该校读了11个月的书
便退学了（后来进西点军校也未完成学业），不知是因为失恋，还是因为
行为不检。不过，校方保留了他当年的宿舍（13号）作为永久的纪念。爱
伦·坡39岁时，萨拉的丈夫去世，但她却再次拒绝了他的求婚。第二年，他
在巴尔的摩街头走着走着突然晕倒，被送到医院后不治身亡。

爱伦·坡去世后，他的诗歌、短篇小说（他被认为是侦探小说的鼻祖）和
文学批评，在法国产生了巨大影响，包括波德莱尔和马拉美等诗人都对他推崇
备至，这容易使我们想起与他同时代的数学家阿贝尔、鲍耶和伽罗华的命运和
遭遇。所不同的是，数学是发现，而诗歌是创造；对诗人们来说，一代人要推

倒另一代人所修筑的东西，一个人所树立的另一个人要加以摧毁。而对数学家们来说，每一代人都能在旧建筑上增添一层楼。这大概就是为何诗人中间有许多也是批评家，而数学家最不情愿看到的则是撞车和优先权之争。

波德莱尔

1821年春天，即爱伦·坡和他的养父母从英伦返回北美的第二年，夏尔·波德莱尔出生在巴黎，那会儿爱伦·坡或许正趴在课桌上给同学的漂亮母亲写情诗，而阿贝尔刚好在奥斯陆上了大学。那时老波德莱尔已经62岁，他虽然出生在农村，却家境富裕，受过良好的教育，担任过中学教师和公爵府的家庭教师。他还爱好文学和艺术，自己也擅长画画，在法国大革命和拿破仑执政时期在上议院工作过，或许与柯西的父亲同过事，并与拉格朗日和拉普拉斯相识。

波德莱尔的母亲出身官宦之家，在波旁王朝时期不得不逃往英国。她本人生在伦敦，21岁那年才回到巴黎，寄居在亲戚家里。五年以后，没有陪嫁的她被老波德莱尔娶去当了续弦。不料，小波德莱尔刚刚6岁，父亲便去世了，他生前曾费心教儿子欣赏线条和形式美。不过，据同胞哲学家、作家萨特分析，让波德莱尔迷恋的母亲才是他一生创作的动力，他内心的裂痕始于母亲的改嫁。他的继父是一位上校营长，波德莱尔随嫁过去，但并没有改变或增加姓氏。随着继父的不断升迁（直至将军、大使、议员），他的生活和教育有了保障，但却逐渐养成忧郁、孤独和叛逆的性格。

15岁那年，波德莱尔开始读雨果（1802～1885）、圣勃夫（1804～1869）、戈蒂埃（1811～1872）等当代法国诗人和批评家的作品，后者率先提出"为艺术而艺术"（l'art pour l'art）。波德莱尔向他们学习写诗，可是并没有像爱伦·坡那样对前辈百般挑剔。第二年，他便在中学的优等生会考中获拉丁文诗作二等奖。等到了19岁，波德莱尔结识了妓女萨拉（与爱伦·坡第一个有回报的情人同名），为她写了许多诗，同时过上了一种放荡的生活。继父因此决定，让他的一位船长朋友带他去印度旅行。那是在1841年的夏天，远东的中国正处于"鸦片战争"，波德莱尔搭乘"南海号"由波尔多前往加尔各答。

过了非洲南端的好望角之后，"南海号"并没有直接穿过莫桑比克海峡，而是从东边绕了非洲最大的岛屿马达加斯加，径往印度洋上的岛国毛里求斯。波德莱尔并没有享受到旅行者的快乐，而是把它看成是一次流放，这从他写于海上的那首著名的《信天翁》中可以看出，诗人不为世人理解的那种孤独感跃然纸上，诗的结尾是这样写的：

> 云霄里的王者，诗人也跟你一样，
>
> 你出没在暴风雨中，嘲笑弓手；
>
> 可一旦放逐到地上，陷于咒骂声中，
>
> 巨人似的翅膀反而妨碍了行走。

这首深得诗人和艺术家喜爱的诗歌竟然出自20岁的青年之手，不由得让人惊叹。"南海号"在毛里求斯的首府路易港整修三周以后，又往附近的法属海外省留尼汪岛，波德莱尔在那里徘徊了26天，最后毅然决然改乘其他船只回国。虽然这个决定可能让21世纪那些年轻的背包族感到惋惜，但波德莱尔却下定决心，要成为一名诗人，因而迫不及待地返回了自己的祖国。

回到巴黎两个月后，年满21岁的波德莱尔已经成年，继承了先父的大笔遗产。接下来的六年，他仍像从前一样过着放浪不羁的生活，继父只得委托公证人管理其财产，每月允支200法郎。27岁那年，波德莱尔读到爱伦·坡的作品（其时距爱伦·坡的生命终结尚有一年），以后的17年间，他一直是

青年波德莱尔像
库尔贝作

爱伦·坡的诗歌和小说的忠实翻译。爱伦·坡对波德莱尔的影响可从他写的
《再论埃德加·爱伦·坡》一文中看出,

> 在他看来,想象力乃是拥有种种才能的女王……但想象力不是
> 幻想力……想象力也不同于感受力。想象力在哲学的方法之外,它
> 首先觉察到事物深处秘密的关系、感应的关系和类似的关系,是一
> 种近乎神的能力。

1857年,即黎曼把拓扑学引入复变函数论的那一年,波德莱尔的诗集
《恶之花》出版了。虽然不到20天,同龄的小说家福楼拜(1821～1880,一
年前出版《包法利夫人》也同样引起非议和诉讼)就给诗人写了一封充满赞
美之词的信,不幸的是,波德莱尔的作品却被法院判决为"有伤风化,有违
公众道德观",作者和出版社都被处以罚款,其中的六首诗直到1949年才被
解禁。尽管这个判决让当时的波德莱尔声名狼藉,但也使他一举成名。随着
时间的推移,波德莱尔被公认为西方现代派诗歌的鼻祖,而他所尊崇的爱
伦·坡也有了"现代主义文学之父"甚或"现代主义之父"的美名。

　　在为《恶之花》修订版所作的序言中，波德莱尔写道："什么叫诗？什么叫诗的目的？那就是要把善与美区别开来，发掘恶中之美。"他还说过，"我觉得，从恶中提出美，对我来说是一件愉快的事。而且难度愈大，愈是快乐。"波德莱尔所说的美，当然并非指形式的美，而是指内在的美。他的诗歌唱出了现代人的忧郁和苦恼，他的现代性表现在他的诗歌内容，而不是形式。波德莱尔开创了诗歌的一个新时代，他用最适合于表现内心隐秘和真实情感的艺术手法，独特而充分地展现了自己的思想和精神境界。

　　从下面四行诗句（被20世纪大诗人艾略特称赞并引用过）中我们可以看出，波德莱尔是如何从当代生活中攫取新鲜的意象材料：

　　　　在市郊一处废弃地，污迹斑斑的迷宫里

　　　　人们像发酵的酵母，不停地蠕动着，

　　　　只见一个年老的拾荒者走来，摇摇头

　　　　绊了一下，向墙上撞去，像一个诗人

　　这里面有某种普遍性的东西，这种写法无疑给诗歌增加了新的可能性。事实上，我们可以从艾略特（1888～1965）本人的诗歌里发现这一点，如他有一首10行的短诗《窗前的清晨》："从街道的尽头，棕色的雾的浮波/ 把形形色色扭曲的脸扬给了我。"

　　波德莱尔有一句名言："你给我泥土，我能把它变成黄金。"这让我想起数学家鲍耶在创立非欧几何学之后说的那句话："从虚无中，我开创了一个新的世界。"波德莱尔把《恶之花》题献给批评家圣勃夫，后者在为诗人所写的辩护书中这样说道："诗的领域全被占领了。拉马丁取走了'天国'，雨果取走了'人间'，不，比'人间'还多。拉普拉特取走了'森林'，缪塞取走了'热情和令人眼花缭乱的盛宴'，其他

英国诗人T. S. 艾略特

波德莱尔之墓。作者摄于巴黎

人取走了'家庭'、'田园生活',……等等。还留下什么可供波德莱尔选择呢?"

　　诗歌的现代性或现代主义的开启与现代数学,尤其是非欧几何学是多么相似哦,由于欧几里得几何在诞生以后的两千多年里一统天下,难怪高斯、鲍耶、罗巴切夫斯基、黎曼等数学家要开创新的世界。另一方面,正如数学上的这一革新推动了后来的理论物理学和时空观念的更新,波德莱尔的诗歌也影响了后来的象征主义诗人如马拉美(1842~1898)、魏尔伦(1844~1896)和兰波(1854~1891),同时通过莫罗(1926~1898,马蒂斯和鲁奥的老师)和罗普斯(1833~1898,《喝苦艾酒的人》作者,毕加索的同名画作作于1903年)的绘画,通过罗丹(1840~1917)的雕塑,影响到其他门类的艺术。而前文引用过诗句的艾略特不仅获得了1948年的诺贝尔文学奖,更在21世纪BBC的一次公众调查中,被英国读者推举为所有年代最受欢迎的英国诗人。

从模仿到机智

模仿就是依照某种现成的样子学着做。亚里士多德认为模仿是艺术的起源之一，也是人和禽兽的区别之一。他指出，人对于模仿的作品总是有快感，经验证明了这一点：有些事物本身看上去尽管引起痛感，但惟妙惟肖的图像却能引起我们的快感，例如尸首或最可鄙的动物形象。其原因是求知对我们是件快乐的事。我们看见那些图像所以获得快感，就因为我们一面在看，一面在求知，断定一事物是另一事物。在现代艺术诞生以前，一切创作实践都离不开模仿。换言之，是对人的普遍经验的仿制，所不同的是这些仿制的技法和对象不断更新。

举例来说，绘画的问题是如何把空间的物体表现在平面上，古埃及最早的壁画《在纸草中捕鱼猎鸟》是利用截面在平面上的投影，看主要人物的头和肩的位置描绘出来的，这是最初的方法。15世纪初，没影点的出现成为绘画史上的转折点。之后，直线透视法和大气透视法统治欧洲长达四个世纪。直到19世纪末，画家们依然喜欢诸如以黑暗暗示阴影，以弯曲的树木和飘动的头发暗示风吹以及以不稳定的姿态暗示身体的运动等表现手法。即使是印象派画家，也至多打乱现象的轮廓，将其巧妙地消溶在色彩的变幻之中，它

毕加索的雕塑《公牛头》

摩纳哥邮票上的阿波利奈尔

仍然是一种对现实的再现。

另一方面，从题材上看，古典主义明显地倾向于古代，而浪漫主义则倾向于中世纪或具有异国情调的东方。又如文学，无论是现实主义还是浪漫主义，都摆脱不开对人类生活经验的仿制。正如苏格兰作家沃尔特·司各特（1771～1832）在评价英格兰女作家简·奥斯丁（1775～1817）的小说《爱玛》时指出的：那种同自然本身一样模仿自然的艺术，它向读者显示的不是想象世界中的壮丽景观，而是他们日常生活的准确而惊人的再现。

可是，模仿有其天然的局限性。帕斯卡尔在《思想录》里谈到，两副相像的面孔，其中单独的每一副都不会使人发笑，但摆在一起却由于他们的相像而使人发笑。由此可见，模仿是比较低级的求知实现。而美的感觉要求有层出不穷的新的形式，对于现代艺术家来说，通过对共同经验的描绘直接与大众对话已经是十分不好意思的事情了。这就迫使我们把模仿引向它的高级形式——机智。如同法国诗人阿波利奈尔（1880～1918）所说的："当人想要模仿行走的时候，他创造了和腿并不相像的轮子。"

机智在于事物间相似的迅速联想。意想不到的正确构成机智，机智是人类智力发展到高级阶段的产物。西班牙哲学家桑塔耶纳（1863～1952）认为，机智的特征在于深入到事物的隐蔽的深处，在那里拣出显著的情况或关系来，注意到这种情况或关系，则整个对象便在一种新的更清楚的光辉下出现。机智的魅力就在这里，它是经过一番思索才获得的事物验证。机智是一种高级的心智过程，它通过想象的快感，容易产生诸如"迷人的"、"才情焕发的"、"富有灵感的"等效果。正如美国美学家苏珊·朗格（1895～1982）指出，每当情感出一种间接的方式传达出来的时候，就标志着艺术表现上升到一个新的高度。

1943年，西班牙画家毕加索（1881～1973）把自行车的坐鞍竖起来，倒装上车把，俨然变成了一只《公牛头》。白俄罗斯出生的法国画家夏加尔

夏加尔《生日》　　　　　　马格里特《欧几里得漫步处》

（1887～1985）的《提琴和少女》，让提琴倒置在地上，使得琴箱和少女的臀部融为一体。还有比利时超现实主义画家马格里特（1898～1967）的一些作品，如《欧几里得漫步处》（1955），描绘的是一幅透过窗户看到的城市风景，画中有一条剧烈透视的宽大马路，这大马路看上去快变成一个三角形，重复了相邻塔楼的角锥形状。

结语

正如从古典艺术到现代艺术的变革以诗歌为先导，科学革命的最早动力来源于数学，尤以几何学的变革为标志。它们的共同特点是，从模仿到机智，从形象到抽象。之所以能在同一个时段到达这一境界，我们相信是与现实世界的发展和人类大脑的思维方式的改变和进化有关。无论如何，其困难程度可想而知。以非欧几何学为例，它的出现与哥白尼日心说、牛顿的万有引力定律、达尔文的进化论一样，遇到了重重阻力，并因此在科学、哲学、宗教等领域产生了革命性的影响。

自从亚里士多德以来，在文学艺术以模仿说为准则的同时，科学尤其是数

"数学王子"高斯

学也一直被视作绝对真理的楷模。古典数学在西方思想中享有与宗教一样神圣不可侵犯的地位,这其中,欧几里得是庙堂中职位最高的神父。1804年去世的德国哲学家康德正是在欧氏几何毋庸置疑的真理观之上,建立起了深奥难懂的哲学体系。可是,到了1830年前后,一向宣称是关于数量关系和空间形式的真理的数学,却突然出现了几种相互矛盾的几何学,且这些不同的几何学看起来都像是正确的。

事实上,几千年来,非欧几何一直就在人们的眼皮底下(现代主义诗人笔下的素材也早已存在)。但是,甚至最伟大的数学家都未曾想到通过检验球的几何特性去推翻平行公理,他们中的个别人曾经尝试通过四边形来证实平行公设,而人类却一直生活在一个堪称非欧几何模型的地球表面之上。这一点表明,人们是多么容易受习惯思维和传统习俗的束缚。难怪功成名就的高斯迟迟不肯把他发现的非欧几何学公之于众,他怕惹来不必要的麻烦,以至于让两位俄罗斯和匈牙利年轻人抢得先机。

然而,欧氏几何最终交出了它的绝对统治权,这意味着所有绝对真理统治的终结,正如爱伦·坡和波德莱尔的出现结束了浪漫派诗人的绝对统治一样。

另一方面，数学在丧失绝对真理和权威的同时，也获得了自由发展的机遇。正如康托尔所说："数学的本质就在于它的充分自由。1830年以前，数学家的处境可以比作是一位非常热爱纯艺术，而又不得不接受为杂志绘制封面的艺术家。"无疑，非欧几何学正是促使这种解脱的首要因素，而它本身就是人类所能创造出来的最高智慧结晶。非欧几何学的诞生和代数学的革命，与微积分学产生的原因并不一致，并非由于科学和社会经济发展的需要，而是由于数学内部发展的需要。

一般认为，在我们日常生活中，欧氏几何被认为是适用的；在宇宙空间中或原子核世界，罗氏几何更符合客观实际；在地球表面研究航海、航空等实际问题，黎曼几何则更准确一些。不过，空间和物理之间总存在难以理清的纠缠，要确定某些物理空间是欧氏几何还是非欧几何并不容易。因为只要在假定的空间和物理性质方面，作适当补充和改变，一个观察结果就可以用多种方法解释。尽管如此，随着非欧几何学的诞生和代数学的解放，数学已从科学中分离出来，正如科学已从哲学中分离出来，哲学已从神学中分离出来。数学家可以探索任何可能的问题和体系，而当新的数学创造逐渐完善之后，它必将反馈回来，指点人类描绘宇宙的蓝图。下一章我们将会看到，爱因斯坦的广义相对论便是在应用了非欧几何学以后诞生的。

最后我想谈一则趣闻，早在1830年，即罗巴切夫斯基在遥远的喀山用俄文发表他的新几何学的第二年，剑桥大学的英国数学家皮考克（1791～1858）发表了《代数论著》，试图对代数作堪与欧几里得《几何原本》媲美的逻辑处理。他发现了代数的五项基本性质，即加法、乘法的交换律，加法、乘法的结合律，乘法在加法上的分配律，这五条性质构成了以正整数为代表的特殊类型的代数结构的公设。可是，正当皮考克的后继者准备把公设概念推广到接近于该学科的现代概念时，哈密尔顿和格罗斯曼发表了意义深远的四元数理论，宣告皮考克和他的追随者的努力失败。皮考克本人也于1939年离开剑桥，出任伊利主教。

第八章

抽象化：20 世纪以来

数是各类艺术最终的抽象表现。
——瓦西里·康定斯基

哲学一定有某种用处，我们务必要认真对待。
——弗兰克·拉姆齐

硬 币

探访者在荒芜的草地上
践踏出来的两支小路
好似教堂塔尖的倒影

一支通向维特根斯坦
他的墓碑上撒满了硬币
还有落叶和落叶的影子

我蹲下，像一个牧师
翻看每一枚硬币的国籍
也顺手放下了一枚硬币

那些被挪动过的留下印痕
时间的雨水冲刷着它们
没有鲜花，青草对此保持缄默

2008年6月，剑桥

走向抽象化

集合论和公理化

19世纪几何学和代数学的变革，给20世纪的数学带来飞速的发展和空前的繁荣。现代数学不再只是几何、代数和分析这几门传统学科，而已成为分支众多、结构庞杂的知识体系，并仍在不断发展变化之中。数学的特点不仅只有严密的逻辑性，更添加了另外两条，即高度的抽象性和广泛的应用性，并因此形成了现代数学研究的两个大的范围，即纯粹数学和应用数学。其中后者的一部分发展出计算机，撇开它的重要性，单就为人类所提供的就业岗位来说，就超过了所有其他数学分支的总和。

纯粹数学最初主要是受两个因素的推动，即集合论的渗透和公理化方法的应用。集合论本来是由康托尔于19世纪后期创立的，曾遭到包括克罗内克等在内的许多大数学家的反对，后来因其在数学中的作用越来越明显才获得承认。集合最初是建立在数集或点集上，不久定义的范围得以扩大，可以是任何元素的集合，如函数的集合、几何图形的集合，等等。这就使得集合论作为一种普遍的语言进入数学的不同领域，引起了数学中积分、函数、空间等基本概念的深刻变化，同时刺激了本章将要谈到的数理逻辑中直觉主义与形式主义的进一步发展。

康托尔本是圣彼得堡出生的丹麦人，其犹太父母年轻时在俄国经商，生意做到了汉堡、伦敦乃至纽约。他与凯利一样，可谓在外从商者子女成才的楷模。11岁那年，康托尔随父母迁居德国，在那里度过了一生的绝大部分时光。他在荷兰的阿姆斯特丹上了中学，后来又到瑞士的苏黎世和德国的几所大学求学，逐渐喜欢上数学并决定以此为职业，尽管他在绘画方面所表现出的才能曾使全家为之骄傲。

在康托尔眼里，集合是一些对象的总体，不管它们是有限的还是无限的。当运用一一对应去研究集合时，他得出了惊人的结果：有理数是可数的，即能与自然数一一对应，他的证明非常有趣，

$$\begin{matrix} \dfrac{1}{1} & \rightarrow & \dfrac{2}{1} & & \dfrac{3}{1} & \rightarrow & \dfrac{4}{1} & \cdots \\ & \swarrow & & \nearrow & & \swarrow & & \\ \dfrac{1}{2} & & \dfrac{2}{2} & & \dfrac{3}{2} & & \dfrac{4}{2} & \cdots \\ \downarrow & \nearrow & & \swarrow & & & & \\ \dfrac{1}{3} & & \dfrac{2}{3} & & \dfrac{3}{3} & & \dfrac{4}{3} & \cdots \\ & \swarrow & & & & & & \\ \dfrac{1}{4} & & \dfrac{2}{4} & & \dfrac{3}{4} & & \dfrac{4}{4} & \cdots \\ \vdots & & & & & & & \end{matrix}$$

每行以大小次序排列，所有的正有理数均在其中，其中分母为 i 的在第 i 行，康托尔列出的排列顺序如上图。与此同时，他证明了：全体实数是不可数的。

不仅如此，康托尔还给出了超越数存在性的非构造性证明。事实上，康托尔证明了代数数和有理数一样也是可数的，同时又证明了实数是不可数的。这样一来，由于代数数和超越数的全体构成了实数，超越数不仅存在而且数量比代数数要多得多。对超越数的研究后来成为20世纪数论研究的一道风景。可是，当康托尔认定无限是真实存在时，受到同行长期的反对和攻击，尤以柏林大学的犹太教授克罗内克（1823～1891）为甚，后者不仅是个

杰出的数学家和成功的商人，在科学论战方面也是最有力的斗士，而康托尔却软弱无能，虽然真理在他那边，以至于他毕生都在一所三流大学做教授。

康托尔为集合论引进了基数的理论，称全体整数的基数为阿列夫零，称后面较大的基数为阿列夫一，阿列夫二，等等（阿列夫是希伯来字母，康托尔也是犹太人）。也就是说，他对无穷作了分类。他并证明，全体实数集合的基数大于阿列夫零。这就引出了所谓的康托尔连续统假设：在阿列夫零与全体实数的基数之间不存在任何别的基数。20世纪初，德国数学家希尔伯特在巴黎世界数学家大会上发表著名的《数学问题》演讲时，把这个假设或猜想列在留给20世纪的23个数学问题的最前列（超越数问题则列在第7位）。

当康托尔发现，"数学的肌体"害了重病，古希腊的芝诺传染给它的疾病还没有得到缓解，他便不由自主地想医治它。可是，他对无穷问题所作的普罗米修斯式的进攻却使自己精神崩溃，那年他才40岁。很久以后，他死在德国中部的一家精神病院。在希尔伯特发表演讲的第二年，罗素也谈了自己的看法，

> 芝诺关心过三个问题：无穷小、无穷和连续。每一代最优秀的智者都尝试过解决这些问题，但是确切地说，他们什么也没得到。……魏尔斯特拉斯、戴德金和康托尔彻底解决了它们。他们的解答清楚得不再留下丝毫怀疑。这个成就可能是这个时代所能夸耀的最伟大的成就。……无穷小的问题是由魏尔斯特拉斯解决的，其他两个问题的解决是由戴德金开始，最后由康托尔完成的。

公理化的方法早在古希腊时代就被欧几里得总结过了，并在其名著《几何原本》中加以采用。众所周知，此书共用了五个公设和五个公理。可是，欧几里得提出的公理体系并不完善。德国数学家希尔伯特重新定义了现代公理化方

集合论的创始人康托尔

刚果邮票上的希尔伯特

法，他指出："不论这些对象是点、线、面，还是桌子、椅子、啤酒杯，它们都可以成为这样的几何对象，对于它们而言，公理所表述的关系都成立。"

以点、线、面为例，欧几里得给这些对象都以描述性的定义，而在希尔伯特眼里却都是些纯粹抽象的对象，没有特定的具体内容。此外，希尔伯特还考察了各公理之间的相互关系，明确提出了对公理系统的基本逻辑要求，即相容性、独立性和完备性。当然，公理化只是一种方法，不像集合论那样有丰富的内容。尽管如此，希尔伯特的公理化方法不仅使几何学具备了严密的逻辑基础，而且逐步渗透到数学的其他领域，成为综合、提炼数学知识并推动具体数学研究的强有力工具。

1861年，希尔伯特出生在东普鲁士的哥尼斯堡郊外，如今属于被分隔的俄罗斯版图，周围是波兰、立陶宛和波罗的海，并早已更名为加里宁格勒。虽然那座城市出生的最伟大的公民是哲学家康德（他的一生都是在这座偏远的城市度过），可是却与数学结下了不解之缘。原来流经市区的普雷格尔河分成两支，河上共有七座桥，其中五座把河岸和河中的一座小岛相连接，于是产生了一个数学问题，假设一个人只能通过每一座桥一次，能否把七座桥走遍？

哥尼斯堡七桥游戏　七桥游戏的抽象图

　　这个看似简单的问题后来成为拓扑学的出发点，并被瑞士数学家欧拉解决了。巧合的是，欧拉持之以恒的通信者、数学家哥德巴赫（1690～1764）也出生在哥尼斯堡，后者以提出一个著名的猜想——任何一个大于或等于6的偶数必可表示成两个奇素数之和——扬名后世，与这个猜想最接近的结果来自苏联数学家维诺格拉多夫（1937）和中国数学家陈景润（·1966）。不过，直接引导希尔伯特坚定地走上数学之路的却是同城一个比他小两岁的男孩赫尔曼·闵可夫斯基（1864～1909）。赫尔曼出生在俄罗斯（今属立陶宛）的考纳斯，8岁随家人移居哥尼斯堡，与希尔伯特家仅一河之隔。这位天才的犹太少年刚满18岁就赢得了巴黎科学院的数学大奖，年长6岁的哥哥奥斯卡是"胰岛素之父"，他发现了胰岛素和糖尿病之间的关联。

　　与这样一位旷世的才俊为伍，希尔伯特的才华不仅没有被埋没，反而得到了磨炼和囤积，并促使他默默奋斗，打下了更为坚实的基础。两人（后成为师兄弟）的友谊持续了四分之一个世纪，从哥尼斯堡一直延伸到哥廷根。闵可夫斯基后来因为患急性阑尾炎英年早逝，希尔伯特则活到了八十多岁，成就了一代大师的伟业。1900年，希尔伯特在巴黎世界数学家大会上提出了23个数学问题，为20世纪的数学发展指明了方向。

数学的抽象化

集合论的观点与公理化的方法在20世纪逐渐成为数学抽象的范式，它们相互结合之后就更有力量，从而把数学的发展引向更为抽象的道路，导致了20世纪前半叶实变函数论、泛函分析、拓扑学和抽象代数这四大抽象数学分支的崛起，堪称四朵抽象数学之花。有意思的是，上节提到的五位数学家（包括克罗内克）都是德国人，他们可能是最擅长抽象思维的民族之一。数学当然是最抽象的科学分支了，而无论在最抽象的艺术——音乐，还是最抽象的人文社科领域——哲学，德国同样也是人才辈出。

集合论的观点首先引起了积分学的变革，从而导致了实变函数论的建立。19世纪末，分析的严格化迫使许多数学家认真考虑所谓的"病态函数"，例如魏尔斯特拉斯定义的处处连续但处处不可微函数。又如，

$$f(x) = \begin{cases} 1, & \text{当 } x \text{ 为有理数} \\ 0, & \text{当 } x \text{ 为无理数} \end{cases}$$

这是由高斯的学生狄里克莱定义的，这个函数处处不连续。在此基础上，数学家们研究了如何把积分的概念推广到更广泛的函数类。

这方面首先获得成功的是法国数学家勒贝格（1875～1941），他用集合论的方法定义了测度（勒贝格测度）概念，作为原先"长度"概念的推广，建立起了所谓的勒贝格积分，从而把定积分的概念作了推广。在此基础上，利用微分运算与积分运算的互逆性，重建了牛顿和莱布尼茨的微积分基本定理，从而形成了一门新的数学分支——实变函数论。同样，这一新生事物也受到某些数学权威的斥责，勒贝格本人公布结果以后差不多有十年时间找不到工作。今天，人们把勒贝格以前的分析学称为经典分析，而把他以后的分析称为现代分析。

除了实变函数论以外，现代分析的另一个重要组成部分是泛函分析。

现代分析之父勒贝格

抽象代数的奠基人诺特

所谓"泛函"可以看作是"函数的函数"，这个词由法国数学家阿达玛（1865～1963，以率先证明数论中的素数定理闻名）引进，我们在前面第六章讲变分法时已经举过例子了。不少数学家在泛函分析理论上都有重要建树，其中希尔伯特引进了无穷实数组 $\{a_1, a_2, \cdots, a_n, \cdots\}$ 组成的集合，这里 $\sum\limits_{i=1}^{\infty} a_i^2$ 必须是有限数。在定义"内积"等概念和运算之后，他建立了第一个无限维空间，即所谓的希尔伯特空间。

十年以后，波兰数学家巴拿赫（1892～1945）又建立了更大的赋范空间（巴拿赫空间）概念，用"范数"替代内积而定义距离和收敛性等，极大地拓广了泛函分析的研究领域，同时真正做到空间理论的抽象化。与此同时，函数概念也进一步扩充并抽象，最有代表性的便是广义函数论的诞生，这方面我们仅举一个例子。英国物理学家狄拉克（1902～1984）[1] 定义了如下函数

$$\delta(x) = 0 \, (x \neq 0), \int_{-\infty}^{+\infty} \delta(x)\mathrm{d}x = 1$$

这类函数虽然有悖于传统，但在物理学中却十分常见。也正因为如此，泛函

1　1928年，狄拉克把相对论引进了量子力学，建立了相对论形式的薛定谔方程，也就是狄拉克方程。当年，他和薛定谔分享了诺贝尔物理学奖。

分析的观点和方法后来被广泛地应用到其他科学，甚至工程技术领域。

在集合论的观点帮助建立实变函数论和泛函分析的同时，公理化方法也在向数学领域渗透，其中最有代表性的结果是抽象代数的形成。自从伽罗华提出群的概念以后，从有限群、离散群发展到了无限群、连续群。代数对象也在扩大，进一步产生了其他代数系统，如环（ring）、域（field）、格（lattice）、理想（ideal）等。此后，代数学研究的中心就转移到代数结构上，这种结构由集合的元素之间的若干二元合成运算组成，具有以下特点：一是集合的元素必须是抽象的，二是运算是通过公理来规定的。

一般认为，德国数学家诺特（1882～1935）在1921年发表的《环中的理想论》是抽象代数的开端，她是这个领域最有创建的数学家之一，她的弟子也遍布世界。诺特被认为是迄今为止最伟大的女数学家，也就是说，超过了在她之前四位著名的女数学家，即古希腊的希帕蒂娅、近代意大利的阿涅西（1718～1799）、法国的热尔曼（1776～1831）和俄国的柯瓦列夫斯卡娅。尽管如此，由于性别歧视，诺特在哥廷根大学很长时间做不上讲师，直到纳粹政府上台，年过半百的她还不是教授，到达美国以后也只是在女子学院任教授。

最后，我们要谈的是拓扑学，德裔美国数学家外尔（1885～1955）说过，拓扑天使和代数魔鬼为占有每一块数学地盘展开了壮丽的搏斗。由此可见这两门学科的重要性，相比而言，拓扑学有着比抽象代数更早的渊源和更有趣的例子，比如哥尼斯堡七桥问题（1736），地图四色问题（1852），以及莫比乌斯带（1858）。拓扑学研究几何图形的连续性质，即在连续变形（拉伸、扭曲但不能割断和黏合）下保持不变的性质，拓扑学这个词是由高斯的一个学生引进的（1847），其希腊文原意是"位置的学问"。虽然最初属于几何学，但其两大分支却分别是代数拓扑和点集拓扑。

点集拓扑学又称一般拓扑学，它把几何图形看成是点的集合，同时把整个集合看成是一个空间。数学家们从"邻域"这个概念出发，引进连续、

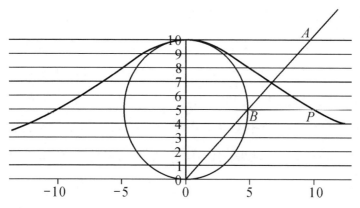

阿涅西箕舌线

连通、维数等一系列概念，再加上紧致性、可分性和连通性等性质，建立了这门学科。它也有一些有趣的实例，比如，在地球的北极每一个方向是朝南的，这本是经纬度的一种缺陷；地球上任何时刻总是至少有一个地方没有风（台风中心）。这两个完全不同的事实对应于拓扑学中的不动点定理：n 维单形到它自身的连续变换至少有一个不动点。

代数拓扑的奠基人是法国数学家庞加莱，正如墙壁用砖砌成，他将几何图形剖分成有限个相互连接的小图形。他定义了所谓的高维流形、同胚和同调，后来的数学家又发展了同调论和同伦论，并把拓扑问题转化为抽象代数问题。这个领域最早的一个著名定理是由笛卡尔（1635）提出后又被欧拉（1752）发现的，即任何没有洞的多面体的顶点数加上面数再减去棱数等于2。还有一个所谓的庞加莱猜想（1904），即任意一个三维的单连通闭流形必与三维球面同胚。这个猜想曾被悬赏一百万美元以求得证明。

1854年，即黎曼拓展非欧几何学的那一年，庞加莱出生在法国东北部城市南锡的一个显赫家族，他有着超常的智力，却不幸在5岁时患上白喉症，从此变得体弱多病，不能顺利地用口语表达思想。但他依然喜欢各种游戏，尤其是跳舞，他读书的速度也十分惊人，且能准确持久地记住读过的内容，尤其擅长文学、历史、地理、自然史等。他对数学的兴趣来得比较晚，大约开始于15

征服者而非殖民者：庞加莱

俄罗斯数学家佩雷尔曼，因解决了
庞加莱猜想获得2006年菲尔兹奖

岁，不过很快显露出非凡的才华。19岁那年，庞加莱进入巴黎综合工科学校。

庞加莱从未在一个研究领域作过久的逗留，一位同僚戏称他是"征服者，而不是殖民者"。从某种意义上讲，整个数学都是庞加莱的领域（数学以外的贡献也难以胜数），但他对拓扑学的贡献无疑最为重要。庞加莱猜想及其推广，即四维和四维以上的情形使得三位数学家前后各相隔20年分别获得菲尔茨奖（1966、1986、2006），这在数学史上被传为佳话。殊为难得的是，庞加莱还是数学的天才普及者，其平装本的通俗读物被译成多种文字，在不同的国度和阶层广泛传播，就如同后来的理论物理学家、《时间简史》的作者斯蒂芬·霍金那样。

不同的是，庞加莱还是一位哲学家，他的著作《科学与假设》、《科学的价值》、《科学方法论》均产生了巨大影响。他是唯心主义的约定论哲学的代表人物，认为公理可以在一切可能的约定中进行选择，但需以实验事实为依据，并避开任何矛盾。同时，他反对无穷集合的概念，反对把自然数归结为集合论，认为数学最基本的直观是自然数，这又使得他成为直觉主义的先驱者之一。庞加莱相信艺术家和科学家之间创造力的共性，相信"只有通过科学与艺术，文明才体现出价值"。

四维空间是非欧几何学的一种特殊形式，当人们仍在辩论非欧几何学以及违反欧几里得第五公设的哲学后果时，庞加莱是这样教我们想象四维世界的，"外在物体的形象被描绘在视网膜上，这个视网膜是一个二维画；这些形象是一副透视图……"按照他的解释，既然二维面的一个景象是从三维面而来的投影，那么三维面上的一个形象也可以看成是从四维而来的投影。庞加莱建议，可以将第四维描述成画布上接连出现的不同透视图。依照西班牙画家毕加索的视觉天赋，他认为这不同的透视图应该在时间同时性里展示出来，于是就有了《阿维尼翁少女》（1907）——立体主义的开山之作。

值得一提的是，在《科学与假设》（1902）的众多读者里，有一位叫普兰斯的巴黎保险精算师，在立体主义诞生前夕，他是西班牙画家毕加索的"洗衣舫"艺术家圈子成员。据说一段时间里，他和毕加索曾共有一位情人。正是在他的引荐下，新几何学成为了"充满热情地探索着的"新艺术语言。毕加索的好友、立体主义的阐释者阿波利奈尔总结道："第四维不是一个数学概念，

毕加索的《阿维尼翁少女》

而是一个隐喻，它包含着新美术的种子。"在诗人看来，"立体主义用一个无限的宇宙取代了一个以人为中心的有限宇宙。"他还指出："几何图形是绘画必不可少的，几何学对于造型艺术就如同语法对写作一样重要。"或许我们可以这样认为，立体主义是文艺复兴以来，绘画和几何又一次美妙的邂逅。

绘画中的抽象

"抽象"（abstract）这个词作为名词在西文里的意思就是摘要，它常常置于一篇数学论文的开头，在标题、作者姓名和单位下面。在艺术领域，它可以理解成为从自然里提取出来的什么东西。正如集合论这类抽象数学的出现曾经引起一番争议一样，长期以来这个词用在艺术上多少有着贬义的含义，它同时也是一件争论不休的事情。自从亚里士多德以来，绘画和雕塑一直被当成模仿的艺术看待，对此我们在第七章已有过较为详细的论述。

直到19世纪中叶，艺术家才开始倾向于一种新的艺术观念，即绘画是自身存在的一个实体，并非对别的什么东西的模仿。后来渐渐产生了这样一种艺术，即主题变成了附属的或弯曲变形了的东西，以便强调造型或表现手段，那

印象派画家塞尚

塞尚的《穆尔诺的风景》

是一种不以表现自然为目的的艺术。塞尚（1839～1906）可谓是这种艺术的先驱，他发现眼睛是连续而同时地观看一个景色，他对于自然、人以及绘画的观念，全都展现在对故乡普罗旺斯地区的山川、静物和肖像中。对塞尚来说，抽象主要是一种方法，目的在于重建独立绘画的自然景致。

　　塞尚被誉为"抽象艺术之父"，或"现代艺术之父"。在他的引导下，19世纪末和20世纪初的艺术家们掀起了一波波现代主义的浪潮，典型的有法国画家马蒂斯（1869～1954）为代表的野兽派和以西班牙画家毕加索为代表的立体主义。可是，这些画家的作品里仍有一点点可以辨认的主题，因此它们只能称为"抽象的"或"半抽象的"艺术。这里，抽象只是个泛泛的形容词，还不是专有的名词。

　　真正与"抽象代数"这个数学专用词汇相对应的应该是"抽象艺术"，它专指那些没有任何可以辨认的主题的绘画。俄国画家康定斯基被认为是第一个"抽象画家"。18世纪以来，俄罗斯的彼得大帝和叶卡捷琳娜女皇，在长期聘请贝努利兄弟和欧拉这样的大科学家的同时，也开始了一种赞助艺术的传统，

梵高的《星空》

抽象画家康定斯基

康定斯基的作品

并与西方不断进行着密切的接触，俄国人经常到法国、意大利和德国等地旅行。进入19世纪以来，俄国的文学和音乐达到了很高的水平，戏剧和芭蕾也取得了长足的进步。

1866年，正好是黎曼去世的那一年，康定斯基出生在莫斯科，几个月以后，波德莱尔也在巴黎去世。康定斯基的父系是来自西伯利亚的茶叶商人，有蒙古贵族的血统，据说他祖母是一位中国的蒙古族公主，而他的母亲则是地地道道的莫斯科人。康定斯基幼时随父母和姨母去意大利旅行，不久迁居黑海之滨的敖德萨（今属乌克兰）。父母离异后他随姨母生活，在敖德萨上完中学，并成为钢琴与大提琴的演奏者和业余画家。

20岁那年，康定斯基进入莫斯科大学攻读法律和经济学，直至取得博士学位，期间他仍对绘画保持极大兴趣，并在一次去北部的沃洛格达州从事与法律有关的种族史调查时，对当地民间绘画中色彩艳丽的非写实风格发生强烈兴趣。1896年，30岁的康定斯基立志成为画家，他毅然放弃了莫斯科大学的助理教授职位，前往德国南方，入慕尼黑的一所美术学院学习，四年后才结业，同学中有比他年轻13岁的瑞士人克利（1879～1940），后来他俩携手成为20世纪的绘画大师。

正是在慕尼黑期间，康定斯基关于非客观物体的或没有实际主题的绘画

《论艺术的精神》德文版（1912）

风格开始形成了。经过一番探索，他找到并确立了自己的艺术目标：通过线条和色彩、空间和运动，不需参照可见的自然物体，来表现一种精神上的反应或决断。早年的法学熏陶也帮助他成为画家中最有理论水平的，在《论艺术的精神》一书里，他谈到从法国印象派画家马奈（1832～1883）的作品里，第一次察觉到物体的非物质化问题，并不断地吸引着他。自然科学中的革命性进展，也粉碎了他对可触摸感知的物理世界所维持的信念。

从康定斯基身上，我们可以感觉到一种神秘主义的内在力量，这是一种精神产品而不是外部景象或手工技巧的产品。他自己这样写道："色彩和形式的和谐，从严格意义上讲必须是以触及人类灵魂的原则为唯一基础。"在他中年出版的《回忆录》里，也有这样的一段描述：

> 留在我最初深刻印象的色彩是明亮的翠绿、白、洋红、黑，以及褐黄。这些回忆可以追溯到三岁的时光。我曾在各种不同的物体上观察它们，如今在我眼中，那些物体的形状已经远不如色彩来得清晰了。

从具象到抽象：蒙德里安的《开花的树》（Ⅰ－Ⅲ）

马列维奇的作品   波洛克的行动绘画

　　随着年龄的增长，康定斯基开始向几何的抽象演变，以圆和三角形为主要形式，这从其作品名字中也可以看出，如《在黑圆圈中》、《一个中心》、《黄红蓝》、《三个声音》。在他晚年出版的理论著作《从点和线到面》中，他甚至分析了图画的抽象因素的想象效果，认为横线表冷、竖线表热。康定斯基是这样一位画家，可能没有一幅特别让人铭记的代表作，但是任何一幅作品都具有鲜明的形象和艳丽的色彩，会让你立刻辨认出，并带给你愉悦或深思。这一点似乎可以说明，抽象艺术（就像非欧几何学）有着更为广阔的表现空间。

　　除了康定斯基以外，抽象艺术的代表画家至少还有他的同胞马列维奇（1878～1935）、荷兰的蒙德里安（1872～1944）和美国的波洛克（1912～1956）。马列维奇把抽象带进一种最后的几何简化中，例如，在一张白方块中画上一个斜的黑边方块。但马列维奇与康定斯基代表了抽象艺术的两个方向，他和同时代的蒙德里安都直接从立体主义那里得到启示；而波洛克则采用了超现实主义的无意识行动技术，创造了在画布甚至汽车引擎盖上滴落与倾倒颜料的技术，他和从荷兰偷渡到美国的德·库宁（1904～1997）是最早扬名世界的新大陆艺术家。

数学的应用

理论物理学

本章开头我们提到现代数学研究的两大范围，即纯粹数学和应用数学。我们在第一节扼要介绍了四大抽象数学分支，其实，这些分支相互作用，又产生了许多新的分支，如代数几何、微分拓扑等，考虑到篇幅所限，以及本书的主题，我们就不多作介绍了。现在我们来谈谈数学向人类文明的其他结晶（科学）的渗透。先来看物理学，18世纪是数学与经典力学相结合的黄金时代，19世纪数学主要应用于电磁学，产生了剑桥数学物理学派，其最具代表性的成就是麦克斯韦（1831～1879）创立的电磁学方程组，由四个简洁的偏微分方程组成。据说麦克斯韦最初得到的方程组比较复杂，后来他相信表达物理世界的数学应该是美的，因而推倒重来。

麦克斯韦是苏格兰人，这个流行男子穿格子短裙的民族所贡献出的伟大发明家按人口比例堪称世界之最。在麦克斯韦之前有（可实用的）蒸汽机发明人瓦特（1736～1819），之后有电话发明人贝尔（1847～1922）、胰岛素发明人麦克里奥德（1876～1935，与人合作）、青霉素发明人弗莱明（1881～1955）、电视发明人贝尔德（1888～1946）。此外，还有第一个将经济理论完整化和系统化的亚当·斯密（1723～1790），他的代表作《国富论》的中心思想是：看似

就读剑桥时的麦克斯韦

爱因斯坦的数学老师闵可夫斯基

混乱的自由市场实际上是一种自我调控机制，它能自动倾向于以最合适的数量生产那些社会上最受欢迎和最需要的产品。

进入20世纪以后，数学相继在相对论、量子力学以及基本粒子等理论物理学领域得到应用。1908年，德国数学家闵可夫斯基提出了空间和时间的四维时空结构 $R^{(3,1)}$，即通过（c 为光速）

$$ds^2 = c^2dt^2 - dx^2 - dy^2 - dz^2$$

为爱因斯坦（1879～1955）的狭义相对论（1905）提供了最适用的数学模型，这种结构后来被称为闵可夫斯基空间。有趣的是，闵可夫斯基本人对他早年学生爱因斯坦的数学才能却毫无印象。

有了这个模型以后，爱因斯坦又进一步研究了引力场理论。等到1912年夏天，他已经概括出这一理论的基本原理，可是由于他只会一些最简单的数学工具，甚至微积分的方法都无法用上（他自称那样会使读者惊呆），自然难以提炼出来。这个时候爱因斯坦在苏黎世遇到一位数学家，帮助他学会了以黎曼几何为基础的微分学，后来他把它叫张量分析。经过三年多的努力，在1915年11月25日发表的一篇论文中，爱因斯坦导出了引力场方程

$$R_{\mu v} = -k\{T_{\mu v} \ -\frac{1}{2}\,g_{\mu v}\,T\}$$

其中 $g_{\mu v}$ 是黎曼张量。爱因斯坦指出："由于这组方程，广义相对论作为一种逻辑结构终于大功告成！"

值得一提的是，虽然爱因斯坦在1915年完成了广义相对论，但他的工作发表在1916年。巧合的是，几乎是在同时，另一个德国人、数学家希尔伯特沿着另一条道路也得到了上述引力场方程。希尔伯特采用的是公理化方法，同时运用了诺特关于连续群的不变量理论。他向哥廷根科学院提交这篇论文的时间是1915年11月20日，发表的时间也比爱因斯坦的论文早了五天。

通过广义相对论，爱因斯坦预言了引力波和黑洞的存在，它们分别在2017年和2019年获得证实。依照广义相对论，时空整体上是不均匀的，只是在微小的区域内例外。在数学上，这个非均匀的时空区可以借助下列现成的黎曼度量描述

$$\mathrm{d}s^2 = \sum_{\mu,v=1}^{2} g_{\mu v}\,\mathrm{d}x_{\mu}\,\mathrm{d}x_{v}$$

广义相对论的这个数学描述第一次揭示了非欧几何学的现实意义，也成为历史上最伟大的数学应用例子之一。可是，与建立万有引力定律的牛顿相比，爱因斯坦还是要显得逊色，因为牛顿力学的数学基础——微积分——是由他自己创立的。

与相对论不同，量子力学与一群物理学家的名字相联系，普朗克（1855～1947）、爱因斯坦、玻尔（1855～1962）是开拓者，薛定谔（1887～1961）、海森堡（1901～1976）、狄拉克等分别以波动力学、矩阵力学和变换理论的形式建立起了量子力学。为了将这些理论融合成统一的体系，需要新的数学理论。希尔伯特开始用积分方程等分析工具，冯·诺伊曼进一步提取出了所谓的希尔伯特空间理论，去解决量子力学的特征值问题，并最终将希尔伯特的谱理论推广到量子力学中经常出现的无

爱因斯坦故居，他在这里发明了相对论。作者摄于伯尔尼

爱因斯坦和玻尔（1925）

界算子情形，从而奠定了这门学科严格的数学基础。

在20世纪下半叶，还有多项物理学的工作需要应用抽象的纯粹数学，例如著名的规范场理论和超弦理论。1954年，杨-米尔斯理论的提出揭示了所谓的规范不变性可能是自然界中所有四种力（电磁力、引力、强力和弱力）相互作用的共性，这使得早就有的规范场理论重新引起人们的注意，他们试图用这个理论来统一自然力的相互作用。结果数学家们很快发现，统一场论所需要的数学工具——微分几何纤维丛早就有了，而杨-米尔斯方程实际上是一组偏微分方程，对它们的进一步研究也推动了数学的发展。1963年证明的阿蒂亚-辛格指标定理也在杨-米尔斯理论中获得重要应用，成为沟通纯粹数学和理论物理的又一座桥梁，其研究方法涉及分析学、拓扑学、代数几何、偏微分方程和多复变函数等诸多核心数学分支，因而常被用来举证现代数学的统一性。

"超弦理论"或"弦理论"兴起于上个世纪80年代，它把基本粒子看成是一些伸展的一维弦线般无质量的实体（其长度约为10^{-33}厘米，称为普朗克长度），以代替其他理论中所用的在时空中无尺寸的点。这个理论以引力理

论、量子力学和粒子相互作用的统一数学描述为目标，正成为数学家与物理学家携手合作的一个最活跃的领域，其中所用到的数学已涉及微分拓扑、代数几何、微分几何、群论、无穷维代数、复分析和黎曼曲面上的模理论等。可以想象，与它相联系的物理学家和数学家不计其数。

生物学和经济学

除了物理学以外，数学还在其他自然科学和社会科学领域发挥了重要作用。限于篇幅，我们仅以生物数学和数理经济学为例。与物理学相比，生物学是一门年轻的学科，在17世纪显微镜发明以后才真正步入轨道，但它和物理学是自然科学最重要的两个分支。生物学研究中数学方法的引进也相对迟缓，大约开始于20世纪初，多才多艺的英国数学家皮尔逊（1857～1936）首先将统计学应用于遗传和进化问题，并于1901年创办了《生物测量》杂志，这是最早的生物数学杂志。

1926年，意大利数学家沃尔泰拉提出了下列微分方程

$$\begin{cases} \dfrac{\mathrm{d}x}{\mathrm{d}t} = ax - bxy \\[2mm] \dfrac{\mathrm{d}y}{\mathrm{d}t} = cxy - dy \end{cases}$$

成功地解释了地中海中不同鱼种周期消长的现象，其中 x 表示被食小鱼数，y 表示食肉大鱼数。这个方程组也被称为沃尔泰拉方程，它开启了用微分方程建立生物模型的先例。

20世纪50年代，在英国和美国出现了两项轰动性的成果，即描述神经脉冲传导的数学模型霍奇金-赫胥黎方程（此赫胥黎为达尔文进化论支持者赫胥黎之孙、小说家赫胥黎之弟）和视觉系统侧抑制作用的哈特莱因-拉特里

生理学家赫胥黎，生物学家赫
胥黎之孙，作家赫胥黎之弟

沃森、克里克和DNA模型

夫方程，它们都是复杂的非线性方程，引起了数学家和生物学家的兴趣。有
意思的是，前三位因此分别获得1963年和1967年度诺贝尔生理学或医学奖，
而拉特里夫只是因为这个方程和作为哈特莱因的前同事被人们记住。

1953年，即霍奇金-赫胥黎方程诞生的第二年，美国生物化学家沃森和
英国物理学家克里克，发现了脱氧核糖核酸（DNA）的双螺旋结构，这不仅
标志着分子生物学的诞生，也把抽象的拓扑学引入了生物学。因为在电子显
微镜下可以看到，双螺旋链有缠绕和纽结，这样一来代数拓扑学的纽结理论
便有了用武之地，并应验了一个多世纪前高斯的预言。1984年，新西兰出生
的美国数学家琼斯（1952～）建立了关于纽结的不变量——琼斯多项式，帮
助生物学家对DNA结构中观察到的纽结进行分类，琼斯本人也获得了1990年
的菲尔兹奖。

沃森和克里克获得了1962年度诺贝尔生理学或医学奖，但他们发现的意
义还没有被充分认识，这里我想多说几句。先用物理学来作参照，它主要探
讨宏观的世界（原子内部结构的重要性也在于核聚变和裂变的巨大能量），
而生物学则侧重研究微观的事物（细胞和基因）。达尔文的进化论和伽利略
的自由落体运动定律一样，主要表现了生命和物体运动的外在规律，而牛顿

电影《美丽心灵》主人公的原型纳什

的万有引力定律则发现了物体乃至宇宙运动的内在规律和原因，与此相对应的生物学成就正是揭示了生命奥秘的DNA双螺旋结构。值得一提的是，沃森和克里克是在他们平日和同事们常去的剑桥老鹰酒吧宣布这一里程碑式的发现。

1979年度诺贝尔生理学或医学奖由两位非本行专家分享，即南非出生的美国物理学家科马克（1924～1998）和英国电器工程师豪斯菲尔德（1919～2004）。还在开普敦的一家医院放射科兼职时，身为物理学讲师的科克马就对人体软组织和不同密度组织层的X射线成像问题感兴趣。到美国任教后，他建立起了计算机化扫描的数学基础，即人体不同组织X射线吸收量的计算公式。这个公式建立在积分几何的基础之上，解决了计算机断层扫描的理论问题。这项工作促使豪斯菲尔德发明了第一台计算机X射线断层扫描仪即CT扫描仪，并在临床实验中获得成功。

下面我们要谈的是数理经济学，这门学科是由匈牙利数学家冯·诺伊曼开启的，他与人合著的《博弈论与经济行为》（1944）提出竞争的数学模型并应用于经济问题，成为数理经济学的开端。整整半个世纪以后，美国数学家纳什（1928～）和德国经济学家泽尔藤（1930～）还因为博弈论（即对策论）的成就获得诺贝尔经济学奖，纳什患有精神病，是被改编成电影的小说《美丽心灵》的主人公，他建立了以纳什解或纳什平衡著称的理论，试图解释竞争者之间的威胁和行动的动力学。

如果说苏联数学家康托洛维奇（1912～1986）的线性规划论和荷兰出生的美国经济学家库普斯曼（1910～2004）的生产函数所用的数学理论还比较

简单的话（他们因为在资源最佳配置理论方面的贡献获得1975年度诺贝尔经济学奖），那么法国出生的美国经济学家德布洛（1921～2004）和另一位美国经济学家阿罗（1921～）所用的凸集和不动点理论就较为深刻了，他们建立的均衡价格理论的后续研究动用了微分拓扑、代数拓扑、动力系统和大范围分析等抽象的数学工具。有意思的是，阿罗和德布洛获得诺贝尔经济学奖却相隔了多年（分别是在1972年和1983年）。

上个世纪70年代以来，随着随机分析进入经济学领域，尤其美国经济学家布莱克和加拿大出生的美国经济学家斯科尔斯将期权的股票定价问题归结为一个随机微分方程的解，并导出与实际相当吻合的期权定价公式，即布莱克-斯科尔斯公式。在此以前，投资者无法精确地确定未来期权的价值，这个公式已把风险溢价作为因素计入股票的价格之中，从而降低了投资期权的复杂性风险。后来美国经济学家默顿（1944～）消除了许多限制，使得该公式适用于金融交易的其他领域，如住宅抵押。1997年，默顿和斯科尔斯（1941～）分享了诺贝尔经济学奖。

可是，进入21世纪以来，美国发生了次贷金融危机，严重影响了世界经济的发展。在正常情况下，客户一般向银行申请贷款。可是，一部分客户由于信用条件差或其他原因，银行不愿意与他们签署贷款协议。于是，就有贷款机构发放信用要求宽松但利率更高的贷款。次级贷款蕴涵较大的违约风险，主要原因在于基于其上的衍生产品。有关部门不愿意独自承担风险，往往要打包出售给投资银行，甚至保险或对冲机构。这些衍生品看不见摸不着，其价格以及打包方式无法通过人为的简单判断而估定，这就需要并助长了一门新兴的数学分支——金融数学。

在衍生产品的定价过程中，有两个非常重要的参数，即折现率和违约概率，前者基于某个随机微分方程，后者是密度的泊松分布。通过这次世界性的金融危机，人们发现这两种数学手段以及其他估计和定价手段还需要更精准的方法。20世纪90年代，同为1947年出生的中国数学家彭实戈和法国数学家巴赫杜合作创立了倒向随机微分方程，现已成为研究金融产品定价的重要工具。18世纪初，雅可布·贝努利曾说过：从事物理学研究而不懂数学的人实际上处理的是意义不大的东西。到了21世纪，金融业或银行业也出现了这种情况，有着两百年历史的美国花旗银行宣称，他们70%的业务依赖于数学，同时强调，没有数学花旗就不可能生存。

最后，值得一提的是，康托洛维奇的线性规划论是运筹学最早成熟的研究内容和分支之一。运筹学可以定义为，管理系统的人为了获得关于系统运行的最优解而必须使用的一种科学方法，主要依赖于数学方法和逻辑判断。与运筹学几乎同时脱胎于第二次世界大战的应用数学学科还有控制论和信息论，其创始人分别是美国数学家维纳（1894～1964）和香农（1916～2001），两人退休前都在麻省理工学院任教，且都是公众人物。维纳18岁获哈佛大学博士学位，出版过两本自传《昔日神童》和《我是一个数学家》，香农则被誉为数字通信时代的奠基人。

在维纳看来，控制论是一门研究机器、生命社会中控制和通讯的一般规律的科学，是研究动态系统在变的环境条件下如何保持平衡或稳定状态的科学。他创造了"cybernetics"这个词，希腊文里的原意为"操舵术"，就是掌舵的方法和技术的意思。在柏拉图的著作中，常用它来表示管理人的艺术。而信息论是一门用数理统计方法来研究信息的度量、传递和变换规律的科学。需要注意的是，这里的信息不是传统的消息，而是一种秩序的等级，或非随机性的程度，可以测量或用数学方法处理，就像质量、能量或其他物理量一样。

计算机和混沌理论

一般来说，计算机是指能接受数据、按照程序指令进行运算并提供运算结果的自动电子机器。计算机的历史上，起重要革新作用的几乎全是数学家。直到上个世纪70年代末，中国大学里的电子计算机专业还设在数学系，就像康德时代数学仍隶属于哲学系一样。可是如今，多数大学都有了一两个计算机学院。用机器来代替人工计算，一直是人类的梦想。或许最早使用算盘的并非中国人，但长期以来使用最广泛的首推中国的算盘。在明代（1371）出版的一本书里，就有十档算盘的插图，但实际发明远在此以前。数学家程大位（1533～1606）的《算法统宗》（1592）详述了珠算的制度和方法，标志着珠算的成熟，这本书也流传到朝鲜和日本，使得算盘在这两个国家十分盛行。

第一个提出机械式计算机设计思想的是德国人席卡德（1592～1635），他在与开普勒通信时阐述了这一想法。第一台能进行加减计算的机械计算机是由帕斯卡尔发明（1642），30年后莱布尼茨制造出了一台能进行乘除和开方运算的计算机。使四则运算机能带有程序控制的功能，是向现代计算机过渡的关键一步，由英国数学家巴比奇（1792～1871）首先迈出，在数论里有一个与二项式系数有关的同余式用他的名字命名。巴比奇设计的"分析机"（1834）分为加工部和储存部，外加一个专门控制运算程序的机构，他曾设想根据穿孔卡片上的指令进行各种算术运算的可能性，这无疑是现代电子计算机的雏形。

英国邮票上的巴比奇

　　遗憾的是，即便巴比奇付出后半生主要精力和财产，甚至失去剑桥大学的卢卡斯教授职位，也没几个人能理解他的思想。据说真正支持他的人只有三个：他的儿子——巴比奇少将（在父亲身后还为分析机奋斗了许多年）、未来的意大利总理和诗人拜伦（1788～1824）的女儿阿达。阿达（1815～1852）是拜伦和妻子的独生女，她为某些函数编制了计算程序，可谓开现代程序设计的先河。由于时代的局限性，巴比奇分析机的设计方案在技术实施上遇到了巨大的障碍，他借助通用程序控制数字计算机的天才设想，还需要过一个多世纪才能实现。

　　进入20世纪以来，科学技术的迅猛发展，带来了堆积如山的数据问题，尤其是在二战期间，军事上的计算需要，更使计算速度的改进成为燃眉之急。起初，人们采用电器原件来代替机械齿轮，1944年，美国哈佛大学的数学家艾肯（1900～1973）在IMB公司的支持下设计制造出了世界上第一台能实际操作的通用程序计算机（占地170平方米），那次他只是部分采用了继电器，不久他制成了一台全部用继电器的计算机。与此同时，在宾夕法尼亚大学，人们用电子管来代替继电器，第二年便造出了第一台通用程序控制电子计算机（ENIAC），效率快了1000倍。

　　1947年，数学家冯·诺伊曼（1903～1957）设计了把ENIAC中使用的外部程序改为存贮程序概念的想法，按照这种想法制成的计算机能按存贮的指令进行操作，改变这种指令就可以修改自身的程序。在此之前一年，他与人合作发表论文，提出了并行处理和存贮程序计算机的综合设计，对后来的数字计算机设计产生了深远影响。冯·诺伊曼出生在布达佩斯，属于多才多艺的那一类学者，在数学、物理学、经济学、气象学、爆炸理论和计算机领域都取得了卓越的成就。据说他是在火车站候车时遇见ENIAC的设计师，后者向他讨教计算机的技术问题，才引起了他的兴趣。

　　另一位对计算机设计理念有杰出贡献的是英国数学家图灵（1912～1954），

冯·诺伊曼和他的电子计算机

图灵坐像。作者摄于曼彻斯特

他为了解决数理逻辑中的基本理论问题——相容性以及数学问题机械可解性或可计算性的判别，而提出了他的理想计算机理论。直到今天，数字计算机都没有跳出这个理想的模型：

输入／输出装置（带子和读写头）、存储器和中央处理器（控制机构）。

图灵还研究过可以造出能思维的计算机的理论，这方面的构想已成为人工智能研究的基础。他还提出了会思考的机器的标准，即有超过30%的测试者不能确定被测试者是人还是机器，被称为"图灵测试"。遗憾的是，图灵后来因为不堪忍受对其性取向的强迫治疗，食用了氰化物溶液浸泡过的苹果而自杀。为了纪念图灵，1966年，英特尔公司出资设立了"图灵奖"，这是计算机领域的最高奖项。1976年创建的苹果电脑公司则以一只咬了一口的苹果作为徽标，这家以推出iPhone手机和iPad平板电脑风靡全球的公司的信念是，只有不完美才能促使进步追求完美。

　　虽然数字计算机已历经四代，从电子管、晶体管到集成电路、超大规模集成电路，均是采用二进制开关。这一点不会改变，即使将来有一天，电子计算机被取代（比如量子计算机）。这自然与19世纪英国数学家布尔所创立的布尔代数的符号逻辑体系分不开，他完成了两个世纪前莱布尼茨未竟的事业，即创立了一套表意符号，每一个符号代表一个简单的概念，再通过符号的组合来表达复杂的思想。布尔出身贫寒，父亲是个补鞋匠，他主要通过自学成材，后来成为爱尔兰科克女王学院的数学教授，并入选英国皇家学会。不幸的是，布尔49岁那年因淋雨患肺炎去世。当年早些时候，他的小女儿出世，她便是小说《牛虻》的作者伏尼契（1864～1960）。

　　作为抽象数学应用的一个光辉典范，计算机也已成为数学研究本身的有力工具和问题源泉，并导致了一门新的数学门类——计算数学——的诞生。他不仅设计、改进各种数值计算方法，同时还研究与这些计算有关的误差分析、收敛性和稳定性等问题。冯·诺伊曼也是这门学科的奠基人，他不仅与人合作创立了全新的数值计算法——蒙托卡诺方法，还领导一个小组利用

地图四色问题图例

ENIAC首次实现了数值天气预报，后者的中心问题是求解有关的流体力学方程。值得一提的是，20世纪60年代，中国数学家冯康（1920～1993）独立于西方创建了一种数值分析方法——有限元法，可用于有关航空、电磁场和桥梁设计等在内的工程计算。

1976年秋天，伊利诺伊大学的两位数学家阿佩尔（1932～）和哈肯（1928～2017）借助于电子计算机，证明了已有一百多年历史的地图四色定理，这是利用计算机解决重大数学问题的最鼓舞人心的范例。说起地图四色定理，这是难得由英国人提出的著名猜想，1852年，刚刚在伦敦大学获得双学士学位的古德里（1831～1899）来到一家科研单位做地图着色工作，发现用四种颜色即可填满地图并使得任何两个邻国拥有不同颜色。但是，不仅他和仍然在读的弟弟无法证明，连他的老师德·摩尔根和哈密尔顿也无能为力，于是，凯利在研究一番后在伦敦数学学会作了一个报告，才使得这个问题出了名。

从那以后，数学家们更多地借助计算机研究纯粹数学，这方面突出的例子是孤立子（soliton）和混沌（chaos）的发现，它们是非线性科学的核心问题，可谓是两朵美丽的"数学物理之花"。孤立子的历史比四色定理出现得还早，1834年，英国工程师拉塞尔（1808～1882）在马背上跟踪观察运河中船只突然停止激起的水波，发现它们在行进中形状和速度没有明显的改变，称之为"孤立波"。一个多世纪以后，数学家们又发现，两个孤立波碰撞后仍是孤立波，因此被称为"孤立子"。孤立子在光纤通信、木星红斑活动、神经脉冲传导等领域大量存在，而混沌理论则是描述自然界不规则现象的有力工具，被认为是继相对论和量子力学以后，现代物理学的又一次革命。

计算机科学的飞速发展，不仅离不开数理逻辑，也促成了与之相关的其他数学分支的变革或产生，前者的一个例子是组合数学，后者的一个典型是模糊数学。组合数学的起源可以追溯到中国古代传说中的《洛书》，莱布尼茨在《论组合的艺术》中率先提出了"组合"这个名词，后来数学家从游戏中归纳出一些新问题，如哥尼斯堡七桥（滋生出图论这一组合数学主要分支）、36名军官、柯克曼女生和哈密尔顿环球旅行等问题。20世纪下半叶以来，在计算机系统设计和信息存储、恢复中遇到的问题，则为组合数学研究注入了全新的强大的动力。

相比组合数学的古老，1965年诞生的模糊数学可以说是新生的。按照经典集合的概念，每一个集合必须由确定的元素构成，元素对于集合的隶属关系是明确的，这一性质可以用特征函数 $\mu_A(x)$ 来表示，

$$\mu_A(x) = \begin{cases} 1, x \in A \\ 0, x \notin A \end{cases}$$

模糊数学的创始人是阿塞拜疆出生的伊朗裔美国数学家、电器工程师扎德（1921～2017），他把特征函数改成下列所谓的隶属函数 $\mu_A(x): 0 \leqslant \mu_A(x) \leqslant 1$，这里 A 被称为模糊集合，$\mu_A(x)$ 为隶属度。经典集合论要求 $\mu_A(x)$ 取0或1两值，模糊集合则突破了这一限制，$\mu_A(x)=1$ 表示100%隶属于 A，$\mu_A(x)=0$ 表示不属于 A，还可以有20%隶属于 A，80%隶属于 A，等等。由于人脑的思维包括有精确的和模糊的两个方面，因此模糊数学在人工智能模拟过程中起到了重要作用，它与新型的计算机设计密切相关。但是，作为一门数学分支，模糊数学尚未成熟。

现在，我们来谈谈计算机科学的一个分支——人工智能（Artificial Intelligence，缩写为AI）。人工智能的概念最初是在1956年，由美国达特茅斯学会提出来的。AI的主要目标是使机器能够胜任一些通常需要人类智能才能完成的复杂工作，包括机器人、语言和图像的识别及处理，涉及机器学习、计算机视觉等领域。其中机器学习的数学基础有统计学、信息论和控制论，计算机视觉的数学工具有射影几何学、矩阵与张量和模型估计。20世纪70年代以来，人工智能与空间技术、能源技术同被视作三大尖端技术。过去

分形几何创始人曼德勃罗　　　　　　　　　　　　　　　　　　曼德勃罗集图例

半个世纪里，人工智能获得飞速发展，在很多领域获得广泛应用，它又与基因工程、纳米科学同被视作21世纪三大尖端技术。

人工智能并非人类的智能，但能像人类那样思考，也有可能超过人类的智能。1997年，美国IBM公司研制的深蓝（Deep Blue）战胜了阿塞拜疆出生的俄罗斯国际象棋大师卡斯帕洛夫（Kasparov，1963～）。2016年和2017年，谷歌旗下英国公司研制的阿尔法狗（AlphaGo）又击败了围棋世界冠军——韩国的李世石（1983～）和中国的柯洁（1997～）。这方面的进步得益于云计算、大数据、神经网络技术的发展和摩尔定律。目前，人工智能在逻辑推理方面可以说已超越人类，但是在认知情感、决策等领域能做的事情仍十分有限。专家认为，人工智能所面临的更多是数学问题，还没有像克隆技术那样已到需要进行伦理讨论的阶段。

一方面，计算机的每一次飞跃，都离不开数学家们的工作。另一方面，计算机的进步也推动了数学研究工作。现在，我们来谈谈几何学和计算机的一个奇妙结合。20世纪几何学的两次飞跃分别是从有限维到无限维（前半世纪）和从整数维到分数维（后半世纪），后者被称为分形几何学，它是新兴的科学分支——混沌理论的数学基础。拥有法国和美国双重国籍、波兰出生的立陶宛裔数学家曼德勃罗（1924～2010）通过自相似性建立起这门全新的几何学，这是有关斑痕、麻点、破碎、扭曲、缠绕、纠结的几何学，它的维数居然可以不是整数。

1967年，曼德勃罗发表了《英国的海岸线到底有多长？》的文章。在查阅了西班牙和葡萄牙、比利时和荷兰的百科全书后，人们发现这些国家对于它们共同边界的估计相差百分之二十。事实上，无论是海岸线还是国境线，长度依赖于用来测量的尺度的大小。一位试图从人造卫星上估计海岸线长度的观察者，比海湾和海滩上的踏勘者，将得出较小的数值。而后者比起爬过每一粒卵石的蜗牛来，又会得出较小的结果。

常识告诉我们，虽然这些估值一个比一个大，可是它们会趋近某个特定的值，即海岸线的真正长度。但曼德勃罗却证明了，任何海岸线在一定意义上都是无限长的，因为海湾和半岛显露出越来越小的子海湾和子半岛。这就是所谓的自相似性，它是一种特殊的跨越不同尺度的对称性，它意味着递归，图案之中套着图案。这个概念在西方文化中显得古色古香，早在17世纪，莱布尼茨就设想过一滴水中包含着整个多彩的宇宙；稍后，英国诗人兼画家布莱克（1757～1827）在诗中写道：

一颗沙里看出一个世界 / 一朵野花里有一个天堂。

洛伦兹吸引子

曼德勃罗考虑了一个简单的函数 $f(x) = x^2 + c$，这里 x 是复变量，c 是复参数。从某个初始值 x_0 开始令 $x_{n+1} = f(x_n)$，产生了点集 $\{x_i, i = 0, 1, 2, \cdots\}$。1980年，曼德勃罗发现，对于有些参数值 c，迭代会在复平面的某几点之间循环反复；而对于另外一些参数值 c，迭代结果将毫无规则可言。前一种参数值 c 叫吸引子，后一种现象就叫混沌，所有吸引子的复平面子集如今被命名为曼德勃罗集。

由于复数迭代过程即便对于较为简单的方程（动力系统）都需要巨量的计算，因此分形几何学和混沌理论的研究只有借助高速计算机才能进行，结果也产生了许多精美奇妙的分形图案，它们不仅被用来做书籍插图，甚至被出版商拿去制作挂历。而在实际应用中，分形几何学和混沌理论在描述和探索许许多多的不规则现象（如海岸线形状、大气运动、海洋湍流、野生生物群，乃至股票、基金的涨落，等等）中，均起到十分重要的作用。

就美学价值而言，新的几何学把硬科学也调谐到那种特别的现代感，即追求野性的、未开化、未驯养的天然情趣，这与20世纪70年代以来后现代主义艺术家所致力的目标不谋而合。在曼德勃罗看来，令人满足的艺术没有特定的尺度，或者说它包含了一切尺寸的要素。作为方块摩天大楼的对立面，他指出，巴黎的艺术宫殿，它的群雕和怪兽、突角和侧柱、布满旋涡花纹的拱壁和配有檐沟齿饰的飞檐，观察者从任何距离望去都能看到某种赏心悦目的细节。当你走近时，它的构造出现变化，展现出新的结构元素。

数学与逻辑学

罗素的悖论

20世纪以来，数学的抽象化不仅拉近了与科学、艺术的关系，也使得与哲学的有效合作再次变得可能，这是自从古希腊和17世纪以来的第三次。巧合的是，数学自身的危机也刚好出现了三次，且在时间上几乎一致。第一次是古希腊时期无理数或不可公度量的发现，这与所有数可由整数或整数之比来表示的论断相矛盾；第二次是在17世纪，微积分在理论上出现了一些矛盾，焦点是：无穷小量究竟是零还是非零。如果是零，怎么能用它做除数？如果不是零，那么又怎能把包含无穷小量的那些项去掉呢？

毕达哥拉斯学派发现，边长为1的正方形的对角线长度既不是整数，也不能由整数的比表示，引发了第一次数学危机。相传有个叫希帕苏斯的门徒因为泄密被投入地中海淹死，他的出生地梅塔蓬图姆恰巧是他的老师毕达哥拉斯被谋杀的地方。两个世纪以后，欧多克斯通过在几何学中引进不可通约量概念，将这一危机化解。两个几何线段，如果存在一个第三线段能同时量尽它们，就称这两个线段是可通约的，否则称为不可通约的。正方形的边与对角线，就不存在量尽它们的第三线段，它们是不可通约的。因此，只要承认不可通约量的存在，所谓的数学危机也就不复存在了。

两千多年以后，微积分的诞生又使得数学再次出现了混乱，在基础理论上引发了矛盾。例如无穷小量是微积分的基础概念之一，牛顿在一些典型的

多才多艺的伯特兰·罗素

罗素的老师怀特海
他称 17 世纪为"天才的世纪"

推导过程中，先是用无穷小量作分母进行除法，进而又把无穷小量看作零，去掉那些包含它的项，从而得到所要的公式，在力学和几何学的应用证明这些公式是正确的，但它的数学推导过程却在逻辑上自相矛盾。直到19世纪前半叶，柯西发展了极限理论，这个问题才得到澄清。他认为无穷小量是要怎样小就怎样小的量，从本质上它是以零为极限的变量。

随着19世纪末分析严格化的最高成就——集合论的诞生，数学家们以为有希望一劳永逸地摆脱数学基础的危机。1900年，法国人庞加莱在巴黎数学家大会上甚至宣称："现在我们可以说，完全的严格化已经达到了！"但是话音未落，英国数学家兼哲学家罗素就在第二年给出了简单明了的集合论的"悖论"，挑起了关于数学基础的新的论争，从而引发了第三次数学危机。与此同时，为解决这场危机，人们对数学基础进入了更深入的探讨，又促进了数理逻辑学的发展，使之成为20世纪纯粹数学的又一重要趋势。

1872年，罗素出身于英格兰的一个贵族家庭，其祖父曾两度出任英国首相，他3岁即失去双亲，严格的清教徒式的教育使得他在11岁时就对宗教产生了怀疑。他以怀疑主义的目光来探究，"我们能知道多少以及具有何种程度的确定性和不确定性"。随着青春期的到来，孤独和绝望徘徊在他心头，让他产生了自杀的念头。最后，还是对数学的痴迷让他逐渐得以从中摆脱。18岁那年，罗素考入剑桥大学，此前他的全部教育都是在家中完成的。他试图在数学中寻找确定而完美的目标，但在大学的最后一年，他被德国哲学家黑格尔吸引并喜欢上了哲学。

显而易见，罗素最合适的研究领域应该是数理逻辑，正巧剑桥大学有最适宜的土壤和一流的同道，包括和他亦师亦友的怀特海（1861～1947）、比他小一岁的穆尔（1873～1958）以及后来的学生维特根斯坦。精通数学的罗素认为科学的世界观大多是正确的，在此基础上他确定了三大哲学目标。首先，是把人类认识上的虚荣、矫饰减少到最低限度并用最简单的表达方式。其次，是建立逻辑和数学之间的联系。最后，是从语言推断它所描述的世界。对这些目标，罗素和他的同行后来或多或少地做到了，并由此奠定了分析哲学的基础。

可是，罗素的影响之所以深远，部分原因还在于他善于做普及工作。他的哲学著作文笔优美、通俗易懂，无论《西方哲学史》还是《西方的智慧》，甚或《人类的知识：它的范围和界限》，许多当代哲学家便是被他的书吸引到这个职业中来的。同时，罗素的一些著作超出了哲学的范畴，涉及社会、政治和道德的方方面面，并满怀激情地把敏感问题写出来，他也因此两次遭监禁，被罚款并剥夺了在剑桥讲课的资格。尽管如此，1950年，罗素仍意外地获得了诺贝尔文学奖。之后，大学数学专业出身的俄罗斯作家索尔仁尼琴（1918～2008）和南非出生的澳大利亚作家库切（1940～）也先后获得了1970年和2003年的诺贝尔文学奖。

所谓"罗素悖论"是这样的：有两种集合，第一种集合本身不是它自己的元素，大多数集合都是这样的；第二种集合是它自己的一个元素 $A \in A$，例如一切集合组成的集合。那么对于任何一个集合 B，不是第一种集合就是第二种集合。假设第一种集合的全体构成一个集合 M，那么 M 属于哪种集合？如果属于第一种集合，那么 M 应该是 M 的一个元素，即 $M \in M$，但是满足 $M \in M$ 关系的集合应属于第二种集合，出现矛盾。而如果属于第二种集合，那么 M 应该是满足 $M \in M$ 的关系，这样 M 又属于第一种集合，又是矛盾。

1919年，罗素又提出上述悖论的通俗形式，即所谓的"理发师悖论"：

> 某乡村理发师宣布了一条原则，他给所有不给自己刮脸的人刮脸，并且只给村里这样的人刮脸。试问：理发师是否给自己刮脸呢？

无论如何，这都会得出矛盾。这样一来，就明白无疑地揭示了集合论本身确实存在着矛盾。由于严格的极限理论的建立，数学上的第二次危机已经解决，但极限理论是以实数理论为基础的，而实数理论又是以集合论为基础的，现在集合论出现了罗素悖论，因而形成了数学史上更大的危机。

为了消除悖论，人们开始对集合论加以公理化。首先进行这一尝试的是德国数学家策梅罗（1873~1953），他提出7条公理，建立了一种不会产生悖论的集合论，经过同胞数学家弗兰克尔（1891~1965）的改进，形成了一个无矛盾的集合论公理系统，即所谓的 ZF 公理系统。这场数学危机到此缓和下来，但这个 ZF 公理系统本身是否会出现矛盾呢？没人能够保证。美国数学家柯恩（1934~2007）证明了，在 ZF 公理系统下康托尔连续通假设的真伪无法得到判别，这在某种意义上否定了希尔伯特的第一问题，柯恩因此获得1966年的菲尔兹奖。可以预见，意想不到的事今后仍然会不断出现。

为了进一步解决集合论中的悖论，应该从逻辑上去寻找问题的症结。由于数学家们的观点不同，形成了数学基础的三大学派，分别是：以罗素为代

挑战数学家的乡村理发师

拓扑学的奠基人布劳威尔
他发现了不动点定理

表的逻辑主义，以布劳威尔（1881～1966，荷兰数学家）为代表的直觉主义
和以希尔伯特为代表的形式主义。这些学派的形成和活跃，将把人们对数学
基础的认识提高到一个空前的高度，虽然他们的努力最终未能取得满意的解
答，但却对由莱布尼茨开启的数理逻辑学的形成和发展起到了推波助澜的作
用。限于篇幅，下面我们仅摘取这三大学派的部分论点。

　　首先我们来看逻辑主义，按照罗素的观点，数学就是逻辑，全部数学可
以由逻辑推导出来，而不需要数学所特有的任何公理。数学概念可以借逻辑
概念来定义，数学定理可以由逻辑公理按逻辑规则推导。至于逻辑的展开，
则是依靠公理化方法进行。为了重建数学，他们定义了命题函数和类的理论
之后，接着定义了基数和自然数，在此基础上建立了实数系和复数系，函数
以及全部分析，几何也可以通过数来引进。这样一来，数学就成了没有内容
只有形式，变成哲学家的数学了。

　　与逻辑主义相反，直觉主义的基本思想是：数学独立于逻辑。坚持数
学对象的"构造性"定义，是直觉主义的精粹。按照布劳威尔的观点，
要证明任何对象的存在，必须同时证明它可以用有限的步骤构造出来。

在集合论中，直觉主义也只承认可构造的有穷集合，这样就排除了"所有集合的集合"那样容易引发矛盾的集合。可是，有限的可构造性主张也导致了"排中律"（非真即假）的否定，也就是说，无理数的一般概念，甚至无限多个自然数中必存在一个最小者这一"最小数定理"也不得不牺牲掉。

希尔伯特指出："禁止数学家使用排中律，就像禁止天文学家使用望远镜一样。"乘批判直觉主义的同时，他抛出了蓄谋已久的"希尔伯特纲领"，被后人称为"形式主义纲领"。希尔伯特主张，数学思维的基本对象是数学符号本身，并非它们表示的意义如物理对象，同时还认为，所有数学能归结为处理公式的法则而不用考虑公式的意义。形式主义吸取了直觉主义的某些观点，保留了排中律，引进了所谓的"超限公理"，也确实证明了加以若干限制的自然数理论的相容性。可是，正当人们满怀希望时，哥德尔却提出了他的不完备性定理。

维特根斯坦

在介绍哥德尔的不完备性定理之前，我想先来谈谈罗素的一个学生和合作者——维特根斯坦，正是他把逻辑学提高到纯粹哲学的高度。1889年，维特根斯坦出生在维也纳一个富有的犹太企业家家庭，是家中八个孩子中最小的，14岁以前，一直在家里受教育。他在柏林读完工程学以后，于1908年考入曼彻斯特大学，专攻航空学，之后他一生的大部分时光都在英国度过。据说他曾为飞机设计了一种喷气反射器，并因此对应用数学产生了兴趣。不久他的喜好转向纯粹数学，渴望进一步了解数学基础，继而又转向数理哲学。

最有数学意味的哲学家维特根斯坦

1912年，23岁的工科大学生维特根斯坦来到剑桥，在三一学院度过了五个学期，很快得到了哲学家罗素和摩尔的赏识，两位大师都认为维特根斯坦的才智与他们相比至少是并驾齐驱的。可是，随着第一次世界大战的爆发，维特根斯坦自愿参加了奥地利军队，起初他在东部前线当一名炮兵，后来来到土耳其，1918年冬天被意大利士兵俘虏。此后维特根斯坦与剑桥失去联系，罗素在次年出版的《数理哲学导论》里在谈及他的工作时提道："甚至也不知道他是否还活着。"

当年，维特根斯坦就在战俘营里给罗素写了信，原来他在狱中读到从前老师的那本著作，并解答了书中提出的几个问题。他获释以后，师生两人都希望能尽快相聚，以便当面讨论哲学问题。可是，维特根斯坦由于受俄国大文豪托尔斯泰的影响，认为不应该享受财富，早已把自己相当可观的私人财产分给了家庭的其他成员，这时已经身无半文了。不得已罗素替维特根斯坦卖掉了他留在剑桥的部分家具，凑足了他的旅费，两个人终于得以在阿姆斯特丹会面了。

由这样一位有毅力和责任感的天才经过长期的努力，在不同的时期建立

哲学家的硬币，维特根斯坦之墓。作者摄于剑桥

1969 年伦敦出版的
《逻辑哲学论》封面

起两种高度独创性的思想体系，当然是完全可能的。不仅如此，维特根斯坦的每一种思想体系都有一种精致而有力的风格，极大地影响了当代哲学，并先后留下一部经典性的哲学著作。第一本是《逻辑哲学论》（1921），第二本是《哲学研究》（1953）。除了一篇标题为《关于逻辑形式的一些看法》的短文以外，《逻辑哲学论》是作者生前唯一出版的著作。

　　《逻辑哲学论》是一部哲学巨著，这部书的中心问题是："语言是如何可能成其为语言的？"让维特根斯坦感到惊讶的是我们司空见惯的一个事实：一个人居然能听懂他以前从未遇到的句子。他本人对此是这样解释的：一个描述事物的句子或命题必定是一幅图像。命题显示其意义，也显示世界的状态。维特根斯坦认为，所有的图式和世界上所有可能的状态一定具有某种相同的逻辑形式，它既是"表现形式"，也是"实在形式"。

　　但是，这种逻辑形式本身却得不到说明，或者说是无意义的，维特根斯坦打了一个比方，它就像梯子，当读者爬上这架梯子后，就必须扔掉它，这样一来才能正确地看待世界。不能用语言说明的还有其他一些东

西，如实在的简单元素的必然存在、思想和意愿的自我的存在以及绝对价值的存在。这些不能说明的东西也无法想象，因为语言的界限就是思想的界限。这本书的最后一句话是作者留给我们的一句箴言："对于我们不能言说的，必须保持缄默。"

维特根斯坦声称："哲学不是一种理论体系，而是一种活动，一种澄清自然科学的命题和揭露形而上学的无为的活动。"事实上，他本人也身体力行地从事这项活动。由于维特根斯坦认为，《逻辑哲学论》已经完成了他对哲学的贡献，于是在接下来的几年里他到奥地利南方的几所山村任小学教师，此前他曾独自在挪威西部卑尔根市以北的一座山村盖了一间小木屋。回到英国后，维特根斯坦把《逻辑哲学论》提交给剑桥大学，理所当然地获得博士学位，并很快被选为三一学院院士。

此后的六年里，维特根斯坦一直在剑桥教书，期间他对《逻辑哲学论》渐生不满，于是开始向两位学生口述（并非老得不能动笔）自己思想的新发展。在他访问过苏联（原打算在那里定居）之后，又到挪威的小木屋居住了一年。回到剑桥后接替摩尔担任讲座教授职位，随后战争再次爆发，他到伦敦的一家医院做看护，后来又在纽卡斯尔的一家研究所做助理实验员，这期间他写成了《哲学研究》的主要部分。战后维特根斯坦回到剑桥做了两年教授之后，便辞职去爱尔兰，在那里度过两年，完成了全书的写作。

说起维特根斯坦的《哲学研究》，虽然与逻辑学没有必然的联系，却也并非完全脱离数学。在这部力作里，他放弃了原先的想法，认为无穷无尽的各种语言背后并未隐藏着统一的本性。他采用游戏的例子加以说明，指出不存在一切游戏共有的性质，它们仅具有"家族"的相似性。他指出，当我们仔细观察作为游戏汇集在一起的各种不同的具体活动时，"便能发现一个由相互重叠又相互交叉的相似点构成的一张复杂的网，有时是总体的相似，有时是细节的相似"。

为此维特根斯坦引入了好几个数列的例子，在他看来，数也构成这样一个"家族"。他所关心的事是，说领会遵循一条数学规则的含义是什么？其中一个例子是这样的，当一个人看见另一个人写下

$$1，5，11，19，29\cdots$$

这些数字时声称，"现在我可以继续写下去了"。这可能出现多种情况，这个人试图用各种公式来续写这个数列，直到他发现公式 $a_n = n^2 + n - 1$。19后面的29就验证了这个假设。他也可能没有想到这个公式，而是注意到先后两个数之差构成一个等差数列4、6、8、10，于是他知道下面那个数是29 +12 = 41。无论哪种情况，他都可以不费力气地继续写下去。

维特根斯坦试图证明的观点是，一个人对于数列的原则的理解完全不意味着他找到了什么公式，因为他可能不需要这个公式，同样，也可以想象他的理解仅仅在于公式，并不因为有了一种直觉的闪现或其他特殊的经验。由此引出的教训是，接受一条规则并不等于穿上一件紧身夹克。在任何时候对于规则接受什么或禁止什么，都是我们的自由。他还认为，数学运算过程的结果不是事先确定的。尽管我们可以遵循在我们看来是清清楚楚的程序，但却无法预知这个程序将把我们引向何处。

哥德尔定理

上个世纪末，美国《时代》杂志评选出了过去100年里最有影响力的100个人物，其中科技和学术精英占了五分之一。这20个人中，哲学家和数学家各占一位，前者便是上节介绍的维特根斯坦，后者则是我们现在要讲的哥德尔。他

最有哲学意味的数学家哥德尔

哥德尔与爱因斯坦

们两人的共同点是，都横跨了数学和哲学两大领域，都是奥地利人，也都用非母语的英文写作。不同的是，一个移居英国后死于剑桥，另一个移居美国后死于普林斯顿。当然，他们去世时都不是奥地利公民。

1906年，哥德尔出生在摩拉维亚的布吕恩城，今天这座城市的名字叫布尔诺，属于捷克共和国。在历史上布尔诺曾几易其主，19世纪的奥地利遗传学家孟德尔（1822~1884）就是在此城的一座修道院里发现遗传学的基本原理，后来它又成为捷克作曲家雅那切克（1854~1928）终生居住的地方。说起摩拉维亚，在这个中欧著名的历史地理区降生的还有精神分析学家弗洛伊德（1856~1939），以及有着"现象学之父"美誉的哲学家胡塞尔（1859~1938），他曾在维也纳大学数学系获得变分法方向的博士学位。哥德尔在故乡长大，直到考入维也纳大学攻读理论物理，此前他对数学和哲学有了浓厚的兴趣，并自学了高等数学。

大学三年级开始，哥德尔的第一爱好转向数学，借书卡表明他看了许多数论方面的书。同时，在数学老师的介绍下，他参加了著名的"维也纳小组"的某些活动。这是由哲学家、数学家、科学家组成的一个学术团体，主要探讨科学的语言和科学方法论，在20世纪哲学史上占有重要的地位，被称为"维也纳学派"。在这个学派的宣言书《科学的世界观：维也纳学派》所附名单中，23岁的哥德尔成为14个成员中最年轻的一个。第二年，他以《论逻辑演算的完备性》获得哲学博士学位，随后建立了震惊世界的哥德尔第一和第二定理。

1931年元月，维也纳的《数学物理月刊》发表了一篇题为《论〈数学原理〉及有关体系的形式之不可判定命题》的论文。几年以后，它就被认为是数学史上具有重大意义的里程碑，作者是不到25岁的哥德尔。这篇论文的结果首先是否定性的，既推翻了数学的所有领域都能被公理化的信念和努力，又摧毁了希尔伯特设想的证明数学的内部相容性的全部希望。同时，这种否定最终也促成了数学基础研究的划时代变革，既分清了数学中的"真"与"可证"的概念，又把分析的技巧引入到数学基础的研究中。

> 哥德尔第一定理：对于包含自然数系的形式体系 F，如果是相容的，则 F 中一定存在一个不可判定命题 S，使得 S 与 S 之否定在 F 中皆不可证。

也就是说，自然数系的任何公设集，如果是相容的，就是不完备的。由此可得：任何形式系统都不能完全刻画数学理论，总有些问题从形式系统的公理出发不能解答。更有甚者，几年以后，美国数学家丘奇（1903～1995）证明了："对于包含自然数系的任何相容的形式体系，不存在有效的方法，决定该体系的哪些命题在其中是可证的。"在第一定理的基础上，哥德尔进一步证明

> 哥德尔第二定理：对于包含自然数系的形式系统 F，如果是相容的，则 F 的相容性不能在 F 中被证明。

也就是说，在真的但不能由公理来证明的命题中，包括了这些公理是相容

的（无矛盾性的）这一论断本身。这就使得希尔伯特原先的希望破灭了。现在看来，经典数学的内部相容性证明不能被得到，除非我们采用那些复杂的推理原则，这些原则的内部相容性与经典数学本身的内部相容性一样值得怀疑。

哥德尔这两条完备性定理表明，没有哪一部分数学能做到完全的公理推演，也没有哪一部分数学能保证其自身内部不存在矛盾。这些都是公理化方法的局限性，它们说明了数学证明的程序无法也确实不与形式公理的程序相符。另一方面，它们也旁证了人的智慧是不能被完全的公式化所替代的。对于形式系统来说，"可证"是可以机械地实现的，"真"则需要进一步的思想能动性。换句话说，可证的命题必然是真的，但真的命题却未必是可证的。

哥德尔不完备性定理如今已成为数学史上最重要的定理，它的证明由于专业性太强我们只能省略。值得一提的是，证明中提出的"递归函数"概念系他的一位朋友来信建议的，这个朋友写完信三个月后即意外死亡。哥德尔定理出名以后，递归函数也随之誉满天下，而正是这个递归函数后来成为算法理论的起点，同时引导图灵提出了理想的计算机概念，为电子计算机最初的研制提供了理论基础。与此同时，有关悖论与数学基础的论证也渐趋平静，数学家们把更多的精力专注于数理逻辑研究，从而大大推动了这门学科的发展。

结语

随着社会分工的进一步细化，人们所受教育的时间不断延长，所学的内容也越来越复杂和抽象，这在人类文明的各个领域均是如此。正如依靠王之涣（688～742）《登鹳雀楼》这类简单明晰的诗歌留名已不可能，像费尔马小定理那样既容易推导又能传世的数学结果也难再出现。与此同时，无论在数学、自然科学还是艺术、人文领域，人们的审美观念均产生了很大的变

勒·柯布西耶作品：法国朗香教堂（1953）　　　　　王澍作品：宁波博物馆（2010）

化，复杂、抽象和深刻业已成为一种评判的标准和尺度。

可喜的是，抽象化并没有使纯粹数学理论束之高阁，相反得到更为广泛的应用。这一点恰好说明，数学的抽象化是符合社会潮流的发展和变化的。自从微积分诞生以来，数学作为一种强有力的工具，在17和18世纪推动了以机械运动为主体的科学技术革命，在1860年以后又推动了以发电机、电动机和电气通信为主体的技术革命。19世纪40年代以来，无论电子计算机、原子能技术、空间技术、生产自动化以及通讯技术，都与数学紧密相关，而相对论、量子力学、超弦理论、分子生物学、数理经济学和混沌理论等科学分支所需要的数学工具尤为深奥和抽象。

随着科学技术的进步和现实社会的发展需要，不断催生出新的数学理论和分支，我们仅以突变理论和小波分析为例。突变理论诞生于1972年，那年法国拓扑学家、菲尔茨奖得主托姆（1923～2002）出版了《结构稳定性和形态发生学》一书。突变理论研究的是系统控制变量经受突然巨大变化的一系列方法及其分类，它是几何学的一个分支，其变量和最终的性质、行为可绘成曲线或曲面。以拱桥为例，起先只是比较均匀地变形，直到荷载达到某一临界点时，桥形瞬间变化而遭倾塌。后来，突变理论的思想被社会学家应用于研究诸如群氓斗殴等社会现象。

再来看小波分析，它被誉为数学的显微镜，是调和分析的里程碑式进展。

大约在 1975 年，从事石油信号处理的法国工程师莫里特（1931 ~ 2007）提出并命名了小波。小波分析或变换是指用有限长的、快速衰减的振荡波形表示信号，与傅里叶变换一样，可以用正弦函数之和表示。区别在于小波在时域和频域上都是局部的，而傅里叶变换通常只在视域上局部；另外，小波计算复杂度上也较小，只需 $O(N)$ 时间，而不是快速傅里叶变换的 $O(N\log N)$。除了信号分析，小波分析还用于武器智能化、电脑分类识别、音乐语言合成、机械故障诊断、地震勘探数据处理，等等。在医学成像方面，小波缩短了 B 超、CT 和核磁共振的成像时间，提高了解析度。

20世纪数学的主流可称为结构数学，这是法国布尔巴基学派的一大发明。数学的研究对象不再是传统意义上的数与形，数学的分类不再是代数、几何和分析，而是依据结构的相同与否。例如，线性代数和初等几何"同构"，故而可以一起处理。布尔巴基主将韦伊（1906 ~ 1998）与文化人类学家列维–斯特劳斯（1908 ~ 2009）有交往，后者用结构观念研究不同文化的神话，发现其中的"同构序列"，可以说这是语言学和数学相结合的产物。列维–斯特劳斯领导的哲学潮流——结构主义——在20世纪60年代的

库哈斯和舍人作品
北京 CCTV 大楼（2007）

赫佐格和德梅隆作品
北京"鸟巢"（2008）

法国盛极一时，拉康（1901～1981）、巴尔特（1915～1980）、阿尔杜塞
（1918～1990）和福柯（1926～1984）分别将之应用于精神分析学、文学、
马克思主义和社会历史学研究，而德里达（1930～2004）的解构主义则是对
语言学结构主义的批判。

　　展望未来，数学能否走向统一？这是人们关心的问题。早在1872年，德
国数学家F. 克莱因（1849～1925）就发表了著名的《埃尔兰根纲领》，基
于他与挪威数学家、李群和李代数发明人李（1842～1899）在群论方面的工
作，试图用群的观点统一几何学和数学。按照布尔巴基的观点，李群是群结
构和拓扑结构的结合。随后群的观点便深入到数学的各个部分，可克莱因的
目标仍遥不可及。将近一个世纪以后，加拿大数学家朗兰兹（1936～）又举
起了《朗兰兹纲领》的大旗。1967年，他在给韦伊的信中，提出了一系列猜
想，揭示了数论中的伽罗华表示与分析中的自守型之间的一个关系网。

　　另一方面，19世纪后期以来，在数学的某些不同学科之间有相互渗透、
结合的趋势，这导致了一系列新的数学分支的诞生。即便是当前，数学的分
化依然是主流，而最鲜明的特征则是抽象化、专业化和一般化。相当一部分
数学存在脱离现实世界和自然科学的倾向，这是令人十分担忧的现象。那

么，抽象化或结构最终能否成为数学统一的标签呢？这种可能性无疑是存在的，可是无论如何，数学的统一无法在不断孤立自身的背景下获得。

我们在第六章曾介绍统计学这门学科。2008年夏天，奥地利人维克托·迈尔-舍恩伯格（Viktor Mayer-Schönberger）出版了《大数据时代》，这是大数据研究的先河之作，作者在书中前瞻性地指出，大数据带来的信息风暴正在改变我们的生活、工作和思维。舍恩伯格认为，大数据的核心就是预测，比如选举、货品调价、城市规划、疫情趋势、犯罪和破案。他明确指出，大数据时代最大的转变就是，放弃对因果关系的渴求，取而代之的是关注相互关系。也就是说，只要知道"是什么"，而不必知道"为什么"。

与此同时，拼贴已逐渐成为艺术的主要技巧和代名词，拼贴也是哲学家努力寻找的现代神话。从前，我们理解的拼贴是指把不相关的画面、词语、声音等随意组合起来，以创造出特殊效果的艺术手段。现在看来，这个范围还可以扩大，至少可以涵盖观念的组合。这样一来，拼贴已经在数学甚至更多文明中发挥了作用。可以说，数学中许多新的交叉学科就是拼贴艺术在这些领域发挥作用的结果。拼贴和抽象化在某种意义上说是同一回事，只不过拼贴这个词来源于艺术，而抽象化更多的使人联想起数学。

限于篇幅，我们没有讨论绘画以外的其他艺术形式，它们同样经历了抽象化的过程。比如建筑，从内容、形式到装饰都发生了重大变化。古罗马建筑师维特鲁威在《建筑学》里提出了"适用、坚固、美观"三个词，成为判断建筑物或建筑方案优劣的准则。即使文艺复兴时期的阿尔贝蒂，也只是把"美观"分为"美"和"装饰"，他认为美在于和谐的比例，而装饰只是"辅助的华彩"。20世纪以来，建筑师们终于意识到了，装饰不再是无足轻重的华彩，而是（像绘画中的拼贴那样）不可或缺的无处不在的艺术组成部分。这其中，几何图形（无论是古典的还是现代的）扮演了重要的角色。

与音乐、绘画、建筑等艺术一样，数学是无国界的，几乎没有语言障碍。她不仅是人类文明的重要组成部分，也可能是外星文明的重要组成部分。如果真的存在外星人的话，他们可能读得懂甚或精通数学。也就是说，地球人与外星人可望基于数学形式的语言进行沟通。早在1820年，数学家高斯就曾建议用毕达哥拉斯定理的图形化示范方法显示广袤的西伯利亚森林，作为发射向太空的人类文明信号。大约20年后，波西米亚出生的奥地利天文学家冯·莱特罗（1781～1840）提出用充满石油的沟壑纵横的撒哈拉沙漠的图像作为文明信号。

他们都认为，这类数学图片信号必定会引起富有智慧的外星生命的关注。遗憾的是，这两个想法均没有付诸实践。美国亚利桑那大学数学教授德维托认为，两个星球开展精确的交流取决于科学的信息交流，为此，两者必须首先学习对方的测量单位。近年来，他和一位语言学家合作，提出了一种基于普遍科学概念的语言。他们认为，大气中化学成分或者星球能量输出的差异，可能能使不同星系的文明彼此交流。这一想法是基于以下假设：两个星球都会一些数学方法和计算，都认可化学元素和周期表，都对物质状态进行了定量的研究，都知道应用足够的化学物质进行计算。

尽管如此，要成功联系到外星文明依然存在许多困难和障碍。例如，外星人可能从不同的数学方法出发总结出运动的定律，这些定律可能与我们熟悉的定律大不相同。我们描述运动的数学基础是微积分，微积分是许多科学领域的基础，外星文明是否也这样呢？又如，外星人是否已建立起欧几里德几何或非欧几何学？外星人的物理学可能与我们的物理学存在差异，他们是否承认哥白尼提出的太阳系宇宙学说？这也值得怀疑。同样棘手的问题是，如何从数学出发讨论人类文明的其他方面？这正是本书试图探讨的一个问题，需要我们做大量跨文化的研究工作。

参考文献

1. 莫里斯·克莱因,古今数学思想（4卷）,张理京等译,上海科学技术出版社,1988。

2. 莫里斯·克莱因,西方文化中的数学,张祖贵译,复旦大学出版社,2004。

3. 莫里斯·克莱因,数学：确定性的丧失,李宏魁译,湖南科学技术出版社,2007。

4. W. C. 丹皮尔,科学史及其与哲学和宗教的关系(2卷),李珩译,商务印书馆,1989。

5. A. N. 怀特海,科学与近代世界,何钦译,商务印书馆,1989。

6. E. T. 贝尔,数学大师：从芝诺到庞加莱,徐源译,上海科技教育出版社,2004。

7. H. 伊夫斯,数学史概论,欧阳绛译,山西人民出版社,1986。

8. H. 伊夫斯,数学史上的里程碑,张鸿林译,北京科学技术出版社,1993。

9. 吴文俊（主编）,世界著名数学家传记（2集）,科学出版社,1995。

10. 李文林,数学史概论,高等教育出版社,2000。

11. 胡作玄、邓明立,大有可为的数学,河北教育出版社,2006。

12. 曲安京，中国历法与数学，科学出版社，2005。

13. 李约瑟原著，柯林·罗南改编，中华科学文明史（5卷），上海人民出版社，2001。

14. 赫·乔·韦尔斯，世界史纲——生物与人类的简明史，吴文藻等译，人民出版社，1982。

15. 大不列颠百科全书（20卷），中国大百科全书出版社，1999。

16. 菲利浦·希提，阿拉伯通史（2卷），马坚译，商务印书馆，1995。

17. 尼阿玛特·伊斯梅尔·阿拉姆，中东艺术史，朱威烈译，上海人民美术出版社，1992。

18. 印度史诗：薄伽梵歌，张保胜译，中国社会科学出版社，1989。

19. 余冠英等，中国文学史（3卷），人民文学出版社，1982。

20. 柏拉图，理想国，郭斌和等译，商务印书馆，1995。

21. 亚里士多德，诗学，罗念生译，人民文学出版社，1988。

22. 帕斯卡尔，思想录，何兆武译，商务印书馆，1985。

23. 康德，纯粹理性批判，蓝公武译，商务印书馆，1982。

24. 伯特兰·罗素，西方哲学史（2卷），何兆武、李约瑟、马元德译，商务印书馆，1980。

25. 伯特兰·罗素，西方的智慧，马家驹、贺霖译，世界知识出版社，1992。

26. 艾耶尔，二十世纪哲学，李步楼等译，上海译文出版社，1987。

27. 王浩，哥德尔，康宏逵译，上海译文出版社，2002。

28. 恩斯特·贡布里希，艺术发展史，范景中译，天津人民美术出版社，1986。

29. H. H. 阿纳森著，现代西方艺术史，邹德侬等译，天津人民美术出版社，1986。

30. 弗·卡约里，物理学史，戴念祖译，广西师范大学出版社，2002。

31. 詹姆斯·格莱克，混沌，张淑誉译，上海译文出版社，1990。

32. 约翰·塔巴克，概率论和统计学，杨静译，商务印书馆，2007。

33. 雅克·马利坦，科学与智慧，尹今黎、王平译，上海社会科学院出版社，1992。

34. 皮特·戈曼，智慧之神——毕达哥拉斯传，石定乐译，湖南文艺出版社，1993。

35. 西蒙·辛格，费马大定理，薛密译，上海译文出版社，1998。

36. T. 霍尔，高斯：伟大数学家的一生，田光复等译，台湾凡异出版社，1986。

37. 约翰·德比希尔，素数之恋：黎曼和数学中最大的未解之谜，陈为蓬译，上海科技教育出版社，2014。

38. 康斯坦丝·瑞德，希尔伯特，袁向东、李文林译，上海科学技术出版社，2001。

39. 玛丽安娜·库克，当代大数学家画传，林开亮等译，上海科学技术出版社，2015。

40. 阿色·I. 米勒，爱因斯坦·毕加索，方在庆、伍梅红译，上海科技教育出版社，2003。

41. 沃尔特·艾萨克森，爱因斯坦传（2集），张卜天译，湖南科学技术出版社，2019。

42. 波德莱尔，恶之花·巴黎的忧郁，钱春绮译，人民文学出版社，1991。

43. 让－保尔·萨特，波德莱尔，施康强译，北京燕山出版社，2006。

44. 瓦西里·康定斯基，论艺术的精神，查立译，中国社会科学出版社，1987。

45. 瓦西里·康定斯基，康定斯基回忆录，杨振宇译，浙江文艺出版社，2005。

46. V. S. 奈保尔，印度：受伤的文明，宋念申译，三联书店，2003。

47. 皮特·琼斯，美国诗人 50 家，汤潮译，四川文艺出版社，1989。

48. 尤瓦尔·赫拉利，人类简史——从动物到上帝，林俊宏译，中信出版社，2014。

49. 蔡天新，数字和玫瑰，三联书店，2003；数字与玫瑰，商务印书馆，2012；带着数字和玫瑰旅行，中信出版社，2018。

50. 蔡天新，数学传奇——那些难以企及的人物，商务印书馆，平装本，2016；精装本，2018。

51. 蔡天新，数学的故事，中信出版社，2018。

52. 蔡天新，数之书，高等教育出版社，2014。

53. 蔡天新，英国，没有老虎的国家——剑桥游学记，中信出版社，2011。

54. 蔡天新，德国，来历不明的才智——哥廷根游学记，中华书局，2015。

55. 蔡天新，美国，天上飞机在飞，浙江大学出版社，2016。

56. 蔡天新，26 城记，中信出版社，2019。

57. World Atlas, DK publishing, Inc., 2003。

58. Jane Muir，Of Men and Numbers: the story of the great mathematicians，Dove publications，Inc.,1996.

59. Winfried Scharlau, Hans Opolka, From Fermat to Minkowski, Springer-Verlag, 1984.

60. Richard K. Guy, Unsolved Problems in Number Theory，Third Edition，Science Press, 2007.

人名索引